Blockchain Para leigos

Nesta Folha de Cola, você fica sabendo como blockchains e contratos inteligentes funcionam e o que é criptomoeda.

COMO BLOCKCHAINS FUNCIONAM

Um blockchain é uma base de dados compartilhada gerenciada por uma rede mundial de computadores. Informações mantidas na base de dados são distribuídas e continuamente reorganizadas pelos computadores na rede. Os computadores com frequência são chamados de *nós*, *mineradores* ou *pontos*. Quaisquer que sejam seus nomes, os computadores estão criando e mantendo seus blockchains ao validar e transmitir entradas. E *entradas* são os dados publicados pelos usuários da rede.

Muitas vezes, esses dados representam a movimentação de criptomoedas de um usuário da rede para outro usuário da rede.

Por exemplo, ao enviar alguns bitcoins ao seu amigo Tom, você está criando e publicando uma entrada na rede Bitcoin. Nesse exemplo, a entrada que você criou tem algumas restrições. Os computadores na rede Bitcoin vão verificar para ter certeza de que você não enviou anteriormente a outra pessoa os dados representando a criptomoeda. Quando você envia os bitcoins a Tom, a conta dele é creditada, e a sua, debitada.

Os computadores na rede estão evitando que você "gaste duas vezes". No caso da rede Bitcoin, o problema é resolvido ao se exigir de cada computador na rede que mantenha um registro do histórico de todas as entradas feitas dentro da rede. O histórico inteiro dá o saldo de todas as contas, inclusive da sua.

LEMBRE-SE

Nem todas as entradas em blockchains representam a movimentação de uma criptomoeda. Alguns blockchains permitem a publicação de dados mediante uma taxa. Entradas nesses sistemas não são restritas; eles usam um modelo pague e publique. Eles também permitem que você confirme a validade de uma entrada sem o histórico completo do blockchain.

A maioria dos blockchains não é controlada por uma única entidade, e não tem nem mesmo um ponto de falha. Todas as entradas são visíveis pela rede inteira. Quando dados são registrados em um blockchain, eles não podem ser removidos. Ficam lá para sempre.

A inovação dos blockchains que os torna diferentes de uma base de dados normal é que eles chegam a um acordo sobre o histórico ao compartilhar e restringir as entradas sem um servidor central ou autoridade.

Blockchain Para leigos

COMO CONTRATOS INTELIGENTES FUNCIONAM

Contratos inteligentes, também conhecidos como ***propriedades inteligentes*** e ***chaincode***, são acordos que foram codificados dentro de um blockchain. Contratos inteligentes são códigos — afirmações simples "se então" (*if-then*) e "se então senão" (*if-then-else*). Eles são criados com um código que é construído dentro de um blockchain. O Ethernet e o Hyperledger Fabric são blockchains populares para criar contratos inteligentes.

Os blockchains registram dados em seus contratos inteligentes e têm um histórico do saldo de criptomoedas dos contratos inteligentes e de todas as suas transações.

Contratos inteligentes têm uma memória interna contendo seu código, que é executado quando restrições predeterminadas são atendidas. Essas restrições poderiam ser internas ou externas ao contrato inteligente.

Se o código para o contrato inteligente precisa de uma fonte externa para definir se ele atendeu às restrições, ele usará um ***oracle*** (uma fonte de conhecimento), que poderia ser uma alimentação de dados sobre o clima, por exemplo. Seria útil se o contrato inteligente estivesse executando um contrato de seguro para plantações. Seguindo esse exemplo, o contrato seria algo do tipo: "Se a temperatura cair abaixo de 0 grau por mais de uma hora, libere US$5.000 para John".

LEMBRE-SE

Os contratos inteligentes facilitam, verificam e fazem cumprir a execução de um contrato. Não há parte externa ou sistema legal que interprete o contrato e a intenção das partes. O código é lei.

O QUE É CRIPTOMOEDA?

Criptomoedas, às vezes denominadas ***moedas virtuais***, ***capital/dinheiro digital*** ou ***tokens***, não são exatamente como dólares norte=americanos ou libras . Elas vivem online e não têm respaldo do governo. São respaldadas por suas respectivas redes. Tecnicamente falando, criptomoedas são entradas restritas em uma base de dados. Condições específicas precisam ser atendidas para mudar essas entradas. Criadas com criptografia, as entradas são asseguradas com matemática, não com pessoas.

Entradas restritas são publicadas em uma base de dados, mas esse é um tipo especial de base de dados que é compartilhado por uma rede ponto a ponto (***peer-to-peer***). Por exemplo, quando você envia alguns bitcoins à sua amiga Carla, está criando e enviando uma entrada restrita na rede Bitcoin. A rede se certifica de que você não teve a mesma entrada duas vezes; ela faz isso sem nenhum servidor central ou autoridade. Seguindo o mesmo exemplo, a rede está se certificando de que você não tentou enviar o mesmo bitcoin à sua amiga Carla e à sua outra amiga, Alice.

Blockchain

Para leigos

Blockchain

Para leigos

por Tiana Laurence

ALTA BOOKS
EDITORA
Rio de Janeiro, 2019

Blockchain Para Leigos®

Copyright © 2019 da Starlin Alta Editora e Consultoria Eireli. ISBN: 978-85-508-0478-1

Translated from original Blockchain For Dummies®. *Copyright © 2017 John Wiley & Sons, Inc. ISBN* 978-1-119-36559-4. *This translation is published and sold by permission of John Wiley & Sons, Inc., the owner of all rights to publish and sell the same. PORTUGUESE language edition published by Starlin Alta Editora e Consultoria Eireli, Copyright © 2019 by Starlin Alta Editora e Consultoria Eireli.*

Impresso no Brasil — 2019 — Edição revisada conforme o Acordo Ortográfico da Língua Portuguesa de 2009.

Publique seu livro com a Alta Books. Para mais informações envie um e-mail para autoria@altabooks.com.br

Obra disponível para venda corporativa e/ou personalizada. Para mais informações, fale com projetos@altabooks.com.br

Produção Editorial
Editora Alta Books

Gerência Editorial
Anderson Vieira

Produtor Editorial
Thiê Alves

Marketing Editorial
marketing@altabooks.com.br

Editor de Aquisição
José Rugeri
j.rugeri@altabooks.com.br

Vendas Atacado e Varejo
Daniele Fonseca
Viviane Paiva
comercial@altabooks.com.br

Ouvidoria
ouvidoria@altabooks.com.br

Equipe Editorial
Adriano Barros
Bianca Teodoro
Ian Verçosa
Illysabelle Trajano
Juliana de Oliveira
Kelry Oliveira
Paulo Gomes
Rodrigo Bitencourt
Thales Silva
Thauan Gomes
Victor Huguet
Viviane Rodrigues

Tradução
Maíra Meyer

Copidesque
Jana Araujo

Revisão Gramatical
Hellen Suzuki
Alessandro Thomé

Revisão Técnica
Marco Antongiovanni
Analista de Informações de Mercado

Diagramação
Luisa Maria Gomes

Erratas e arquivos de apoio: No site da editora relatamos, com a devida correção, qualquer erro encontrado em nossos livros, bem como disponibilizamos arquivos de apoio se aplicáveis à obra em questão.

Acesse o site www.altabooks.com.br e procure pelo título do livro desejado para ter acesso às erratas, aos arquivos de apoio e/ou a outros conteúdos aplicáveis à obra.

Suporte Técnico: A obra é comercializada na forma em que está, sem direito a suporte técnico ou orientação pessoal/exclusiva ao leitor.

A editora não se responsabiliza pela manutenção, atualização e idioma dos sites referidos pelos autores nesta obra.

Dados Internacionais de Catalogação na Publicação (CIP) de acordo com ISBD

L379b Laurence, Tiana

Blockchain para leigos / Tiana Laurence. - Rio de Janeiro : Alta Books, 2019.
240 p. ; il. ; 17cm x 24cm. - (Para leigos).

Tradução de: Blockchain For Dummies
Inclui índice.
ISBN: 978-85-508-0478-1

1. Blockchain. I. Título.

2018-1648 CDD 332.02401
CDU 330.567.2

Elaborado por Odilio Hilario Moreira Junior - CRB-8/9949

Rua Viúva Cláudio, 291 — Bairro Industrial do Jacaré
CEP: 20.970-031 — Rio de Janeiro (RJ)
Tels.: (21) 3278-8069 / 3278-8419
www.altabooks.com.br — altabooks@altabooks.com.br
www.facebook.com/altabooks — www.instagram.com/altabooks

Sobre a Autora

Tiana Laurence é cofundadora da Factom, Inc., e foi uma entusiasta precoce do Bitcoin. Sua paixão está fazendo ótimas empresas crescerem. Empreendedora em série, Tiana começou seu primeiro negócio aos 16 anos. Ela adora ajudar jovens aspirantes a empreendedores a aprender sobre negócios e tecnologia. Tiana é diplomada em Negócios e Liderança pela Portland State University. Quando não está trabalhando em seus empreendimentos ou sendo nerd, ela pode ser encontrada correndo ou escalando rochas em Austin, Texas.

Dedicatória

A Crystal e Jessica, por todo o apoio e estímulo que me deram enquanto eu escrevia este livro.

Agradecimentos da Autora

Este livro é o resultado de ideias e do trabalho de muitas pessoas. Ele não teria sido possível sem o mundo aberto e acolhedor do blockchain e da criptomoeda. Gostaria de agradecer especificamente a Paul Snow, Peter Kirby, Brian Deery e David Johnston pelas incontáveis horas que gastaram me dando aulas de blockchain e criptografia. Também gostaria de agradecer a Abhi Dobhal, Lawrence Rufrano, Ryan Fugger, Charley Cooper, Alyse Killeen, Jeremy Kandah, Clemens Wan, Greg Wallace, Brian Behlendorf, Amir Chetrit, Jared Tate, Casey Lawlor e Scott Robinson pela orientação e conselhos na crescente área do blockchain, e por dispensarem um tempo de suas vidas atribuladas para revisar e validar meu trabalho.

Este livro também exigiu muita edição. Não estou brincando, realmente exigiu muita edição. Minha editora de projetos, Elizabeth Kuball, fez um excelente trabalho me mantendo na tarefa e no prazo, e Steve Hayes, meu editor executivo, tornou todo o livro possível. Também gostaria de agradecer novamente a Scott Robinson, por sua revisão técnica minuciosa e excelentes sugestões, bem como à editora Pat O'Brien e a todas as outras pessoas dos bastidores, que realizaram trabalhos ingratos para dar origem a este livro. Estou em dívida eterna com elas.

Sumário Resumido

Sumário

Prefácio

O Bitcoin surgiu em 2008, ideia de um programador com o pseudônimo de Satoshi Nakamoto. No artigo que Nakamoto publicou, apesar de não ser usada especificamente a palavra blockchain, é descrita essa tecnologia, responsável por viabilizar o Bitcoin, conforme explorado neste livro.

Com o tempo, o blockchain foi ganhando importância por conta de suas possibilidades além das criptomoedas. Quando a internet surgiu, havia um grande número de limitações para seu uso. Por exemplo, numa época em que ainda não existiam os celulares, navegar na internet obrigava a ocupar a linha telefônica, o que não permitia seu uso para ligações. O custo para usar a internet também era alto e poucos computadores eram habilitados a tal feito. Naquela época, era impossível imaginar uma empresa como Uber, Airbnb ou Dropbox.

Contudo, o avanço nas comunicações aumentou o número de dispositivos conectados à internet, barateando sua aquisição e uso, finalmente possibilitando a todos usar tais ferramentas. Antes, era improvável prever que 58% das transações bancárias seriam feitas via celular*, como atualmente é feito no Brasil.

Da mesma forma, o blockchain hoje parece uma panaceia. Vemos times de futebol lançando criptomoedas, startups que usam blockchain para competir com Uber, Airbnb e Dropbox, e até alegações de que um dia todas as bases de dados do mundo serão em blockchain. Nada mais distante da realidade.

O blockchain é uma tecnologia revolucionária, é verdade. Assim como no caso da internet de 25 anos atrás, não conseguimos ver suas aplicações futuras de maneira clara. Porém, ele também tem limites. Nem sempre o uso da tecnologia é justificado, especialmente quando é apenas para seguir uma moda.

Tiana Laurence consegue, de maneira fácil, introduzir essa tecnologia a todos. O livro e sua linguagem simples e direta será útil a empreendedores, executivos de empresas, desenvolvedores, ou curiosos sobre o tema. Recomendo *Blockchain Para Leigos* para todos aqueles que querem ter as informações necessárias para distinguir o que é mera extravagância, e quais são os benefícios reais do blockchain.

Luiz Calado

Renomado economista e escritor de livros e artigos de referência em finanças e mercado de capitais.

* Pesquisa Federação Brasileira de Bancos — FEBRABAN, 2017

Introdução

Bem-vindo ao *Blockchain Para Leigos*! Se quer saber o que são blockchains e o básico sobre como usá-los, este livro é para você. Muitas pessoas pensam que blockchains são difíceis de entender. Talvez elas também pensem que blockchains são apenas criptomoedas como o bitcoin, mas eles são muito mais. Qualquer um é capaz de dominar o básico dos blockchains.

Neste livro você encontra orientações úteis para navegar no mundo dos blockchains e das criptomoedas que os mantêm. Você também encontra tutoriais práticos passo a passo que construirão sua compreensão de como os blockchains funcionam e em que eles agregam valor. Você não precisa de uma base em programação, economia ou temas mundiais para compreender este livro, mas eu toco em todos esses assuntos, porque a tecnologia do blockchain cruza todos eles.

Sobre Este Livro

Este livro explica o básico sobre blockchains, contratos inteligentes e criptomoedas. Provavelmente você o escolheu porque ouviu falar em blockchains, sabe que são importantes, mas não tem ideia alguma do que são, de como funcionam ou de por que você deveria se importar. Este livro responde a todas essas questões, com termos fáceis de compreender.

Este livro é um pouco diferente de quase todos os outros livros sobre blockchain no mercado. Ele oferece um levantamento de todos os principais blockchains no mercado público, como funcionam, o que fazem, e algo de útil que você pode experimentar com eles hoje.

Este livro também abrange o cenário da tecnologia do blockchain e destaca algumas das principais coisas às quais você deve ficar atento em seus próprios projetos de blockchain. Aqui você descobre como instalar uma carteira Ethereum, criar e executar um contrato inteligente, fazer entradas no Bitcoin e no Factom e ganhar criptomoedas.

Você não precisa ler o livro de cabo a rabo. É só pular para o assunto no qual estiver interessado.

Por fim, dentro deste livro talvez você observe que alguns endereços da web quebram em duas linhas de texto. Se quiser visitar alguma dessas páginas da web, é só teclar o endereço exatamente como observado no texto, fingindo que a quebra da linha não existe.

Penso que...

Não tenho muitas hipóteses sobre você e sua experiência com criptomoedas, programação e assuntos legais, mas penso o seguinte:

- » Você tem computador e acesso à internet.
- » Você sabe o básico sobre como usar seu computador e a internet.
- » Você sabe como navegar pelos menus dentro de programas.
- » Você é novo em blockchain e não é um programador experiente. É claro que, se for um programador experiente, ainda vai aproveitar muito deste livro — mas vai passar mais rápido por alguns guias passo a passo.

Ícones Usados Neste Livro

Ao longo deste livro, uso ícones na margem para chamar sua atenção para certos tipos de informação. Aqui está o significado deles:

O ícone Dica marca dicas e atalhos que você pode usar para deixar os blockchains mais fáceis de usar.

O ícone Lembre-se marca a informação que é particularmente importante saber — coisas que você vai querer memorizar. Para filtrar as informações mais importantes em cada capítulo, é só passar os olhos por esses ícones.

O ícone Papo de Especialista marca informações de natureza altamente técnica, que você pode pular sem perder o ponto principal do assunto em questão.

O ícone Cuidado pede que você preste atenção! Ele marca informações importantes que podem poupá-lo de uma dor de cabeça — ou seus tokens.

Além Deste Livro

Você pode acessar a Folha de Cola Online no site da editora Alta Books. Procure pelo título do livro. Faça o download da Folha de Cola completa, bem como de erratas, figuras presentes no livro e possíveis arquivos de apoio.

De Lá para Cá, Daqui para Lá

Você pode aplicar a tecnologia blockchain em praticamente qualquer área de negócios. Neste exato momento está havendo um crescimento explosivo em indústrias financeiras, de assistência médica, governamentais e de seguros, e isso é só o começo. O mundo inteiro está mudando, e as possibilidades são infinitas.

1 Dando Início ao Blockchain

NESTA PARTE...

Descubra tudo sobre blockchains e como eles podem beneficiar sua organização.

Identifique o modelo ideal de tecnologia e os quatro passos para desenvolver e executar um projeto eficaz de blockchain.

Faça seus próprios contratos inteligentes no Bitcoin e defina onde essa tecnologia pode se encaixar em sua organização.

Descubra as ferramentas necessárias para incrementar e administrar seu próprio blockchain particular no Ethereum.

NESTE CAPÍTULO

» **Descobrindo o mundo novo dos blockchains**

» **Compreendendo por que eles são importantes**

» **Identificando os três tipos de blockchains**

» **Aprofundando seu conhecimento de como os blockchains funcionam**

Capítulo **1**

Apresentando o Blockchain

Originalmente, *blockchain* era somente o termo da informática para estruturação e compartilhamento de dados. Hoje, blockchains são aclamados como a "quinta evolução" da computação.

Blockchains são uma abordagem inovadora para a base de dados distribuída. A novidade provém da incorporação de tecnologia antiga de maneiras novas. Você pode pensar em blockchains como bases de dados distribuídas que um grupo de pessoas controla, e que armazena e compartilha informações.

Há muitos tipos diferentes de blockchains e de aplicações de blockchain, e blockchain é uma tecnologia abrangente, que está integrada a plataformas e hardwares no mundo todo.

Começando do Começo: O que São Blockchains

Um blockchain é uma estrutura de dados que torna possível criar um livro-razão de dados digital e compartilhá-lo em uma rede de grupos independentes. Há muitos tipos diferentes de blockchains.

- **Blockchains públicos:** Blockchains públicos, como o Bitcoin, são amplas redes difundidas administradas por meio de um token nativo. São abertos à participação de qualquer um, em qualquer nível, e têm o código aberto mantido por sua comunidade.
- **Blockchains permissionados:** Blockchains permissionados, como o Ripple, controlam funções que pessoas podem desempenhar dentro da rede. Eles ainda são sistemas amplos e difusos que usam um token nativo. Seu código central pode ser aberto ou não.
- **Blockchains privados:** Tendem a ser menores e não utilizam token. Sua adesão é controlada com rigor. Esses tipos de blockchains são protegidos por associações que têm membros conceituados e informações comerciais confidenciais.

Todos os três tipos de blockchains usam criptografia, que permite a qualquer participante de qualquer rede determinada gerenciar o livro-razão de um jeito seguro, sem necessidade de uma autoridade central para fazer cumprir as regras. A eliminação da autoridade central da estrutura da base de dados é um dos aspectos mais importantes e eficazes dos blockchains.

LEMBRE-SE

Blockchains geram registros permanentes e históricos de transações, mas nada é permanente de verdade. A permanência do registro é baseada na permanência da rede. No contexto de blockchains, isso significa que toda uma parcela ampla de uma comunidade blockchain teria de concordar em mudar a informação, e é incentivada a *não* mudar os dados.

Quando se registram dados em um blockchain, é extremamente difícil mudá-los ou removê-los. Quando alguém quer acrescentar um registro em um blockchain, também chamado de *transação* ou *entrada*, usuários na rede que têm controle de validação verificam a transação proposta. É aqui que a coisa complica, porque todo blockchain tem uma interpretação ligeiramente diferente sobre como isso deveria funcionar e quem pode validar a transação.

O que blockchains fazem

Um blockchain é um sistema ponto a ponto (*peer-to-peer*), sem nenhuma autoridade central, gerenciando fluxo de dados. Uma das principais maneiras de remover o controle central enquanto se mantém a integridade dos dados é ter uma ampla rede distribuída de usuários independentes. Isso significa que os computadores que constituem a rede estão em mais de um lugar. Esses computadores com frequência são chamados de *full nodes* (nós completos).

A Figura 1-1 mostra uma visualização da estrutura da rede de blockchain do Bitcoin. Você pode vê-la em ação em `http://dailyblockchain.github.io` (conteúdo em inglês).

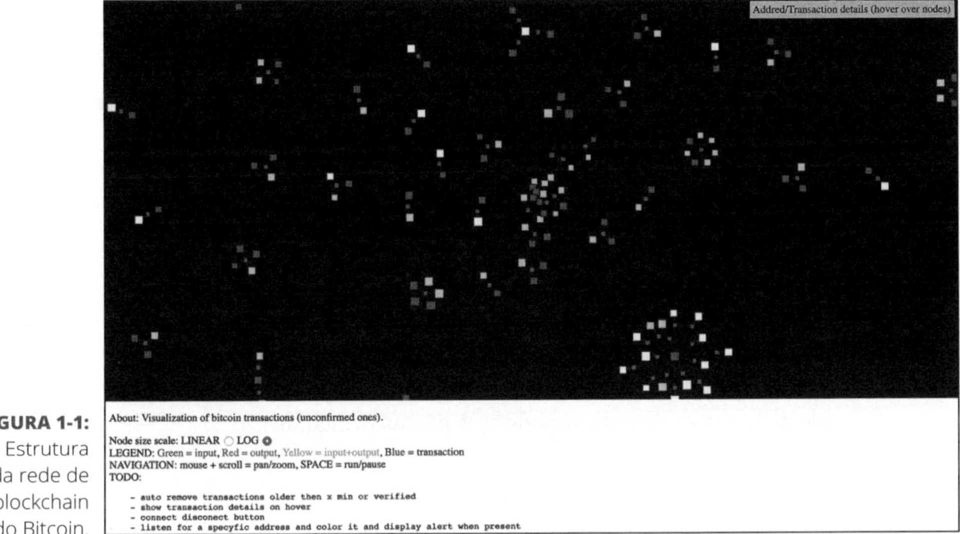

FIGURA 1-1: Estrutura da rede de blockchain do Bitcoin.

Para evitar que a rede fique corrompida, os blockchains não apenas ficam descentralizados, como também, muitas vezes, utilizam uma criptomoeda. *Criptomoeda* é um token digital que tem valor de mercado. Criptomoedas são comercializadas em plataformas de negociação, como ações são negociadas em bolsas de valores.

Criptomoedas funcionam um pouco diferente para cada blockchain. Basicamente, o software paga para o hardware funcionar. O software é o protocolo do blockchain. Protocolos famosos de blockchain incluem o Bitcoin, o Ethereum, o Ripple, o Hyperledger e o Factom. O hardware consiste nos full nodes que estão assegurando os dados na rede.

Por que blockchains são importantes

Blockchains atualmente são reconhecidos como a "quinta evolução" da computação, a camada de confiança ausente para a internet. Esse é um dos motivos por que tantas pessoas têm ficado empolgadas com esse tópico.

Blockchains podem gerar fundos em dados digitais. Quando uma informação foi escrita dentro de uma base de dados blockchain, é quase impossível removê-la ou mudá-la. Essa capacidade nunca existiu antes.

Quando dados são permanentes e confiáveis em formato digital, você pode efetuar negociações online por meios que, no passado, eram possíveis somente offline. Tudo o que permanecia analógico, inclusive direitos de propriedade e identidade, agora pode ser criado e mantido online. Negócios lentos e processos bancários, como transferências e liquidação de fundos, agora podem ser feitos quase instantaneamente. As implicações para registros digitais seguros são enormes para a economia mundial.

As primeiras aplicações criadas foram projetadas para explorar o valor de transferência da segurança digital que blockchains possibilitam através da comercialização de seus tokens nativos. Elas incluíam coisas como movimentação de dinheiro e ativos. Mas as possibilidades das redes de blockchain vão muito além da movimentação de valores.

A Estrutura dos Blockchains

Blockchains são compostos de três partes principais:

» **Block:** Uma lista de transações registradas em um livro-razão durante um determinado período. O tamanho, o período e o evento gerador para blocos são diferentes para cada blockchain.

  Nem todos os blockchains registram e asseguram um registro da movimentação de suas criptomoedas como objetivo principal. Mas todos os blockchains registram a movimentação de suas criptomoedas ou tokens. Pense na *transação* simplesmente como o registro de dados. Atribuir um valor a ela (como acontece em uma transação financeira) serve para interpretar o que os dados significam.

» **Chain:** Uma hash que liga um block a outro, "encadeando-os" juntos, matematicamente. Este é um dos conceitos mais difíceis de compreender em blockchain. Ele também é a mágica que une blockchains e permite-lhe criar fiabilidade matemática.

  A hash no blockchain é criada a partir dos dados que estavam no block anterior. A hash é a impressão digital desses dados, e trava blocks em ordem e prazo.

PAPO DE ESPECIALISTA

  Embora blockchains sejam uma inovação relativamente recente, hashing não é. A hashing foi inventada há cerca de 30 anos. Essa antiga inovação está sendo usada porque cria uma função unilateral que não pode ser decodificada. Uma função hash cria um algoritmo matemático que projeta dados de qualquer tamanho em uma cadeia de bits de tamanho fixo. Uma cadeia de bits geralmente tem 32 caracteres de extensão, o que, nesse caso, representa os dados que passaram pela hash. O Secure Hash Algorithm (Algoritmo de Dispersão Seguro — SHA) é uma das funções hash criptografadas usadas em blockchains. SHA-256 é um algoritmo comum que gera uma hash quase única, de tamanho fixo de 256 bits (32 bytes). Para efeitos práticos, pense em uma hash como uma impressão digital dos dados usada para travá-la na posição correta dentro do blockchain.

» **Rede:** A rede é composta de "full nodes". Pense neles como o computador executando um algoritmo que está protegendo a rede. Cada nó contém um registro completo de todas as transações que já foram registradas naquele blockchain.

Os nós estão localizados no mundo inteiro, e podem ser gerenciados por qualquer um. Gerenciar um full node é difícil, caro e consome tempo, então as pessoas não fazem isso de graça. Elas são incentivadas a gerenciar um nó porque querem ganhar criptomoedas. O algoritmo blockchain subjacente as recompensa por seus serviços, e a recompensa geralmente é um token ou uma criptomoeda, como o bitcoin.

DICA

Os termos *bitcoin* e *blockchain* muitas vezes são usados de maneira intercambiável, mas não são a mesma coisa. O bitcoin tem um blockchain. O blockchain do Bitcoin é o protocolo subjacente que permite a transferência segura de bitcoins. O termo *bitcoin* é o nome da criptomoeda que alimenta a rede Bitcoin. O blockchain é uma classe de software, e o bitcoin é uma criptomoeda específica.

Aplicações de Blockchain

Aplicações de blockchain são construídas em torno da ideia de que a rede é o mediador. Esse tipo de sistema é um ambiente implacável e cego. O código do computador se torna a lei, e regras são executadas como se fossem escritas e interpretadas pela rede. Computadores não têm os mesmos preconceitos sociais e comportamentos que humanos.

A rede não é capaz de interpretar intenção (pelo menos, não ainda). Contratos de seguro arbitrados em um blockchain têm sido profundamente examinados como um caso de uso construído em torno dessa ideia.

Outra coisa interessante que blockchains viabilizam é manter registros impecáveis. Eles podem ser usados para criar uma linha do tempo clara de quem fez o que e quando. Muitas indústrias e órgãos reguladores passam horas incontáveis tentando avaliar esse problema. Manter registros viabilizados por blockchain aliviará alguns dos fardos criados quando tentamos interpretar o passado.

A Vida Útil do Blockchain

Blockchains tiveram origem com a criação do Bitcoin. Isso mostrou que um grupo de pessoas que nunca se conheceram poderia operar online dentro de um sistema que foi dessensibilizado para trapacear outros que estavam cooperando na rede.

A rede original Bitcoin foi construída para proteger a criptomoeda bitcoin. Ela tem aproximadamente 5 mil full nodes e se distribui pelo mundo todo. Prioritariamente, é usada para comercializar bitcoin e trocar valores, mas a comunidade enxergou o potencial de se fazer muito mais com a rede. Por conta de seu tamanho e segurança testada ao longo do tempo, ela também tem sido usada para proteger outros blockchains menores e aplicações de blockchain.

A rede Ethereum é uma segunda evolução do conceito de blockchain. Ela assume a estrutura tradicional do blockchain e acrescenta uma linguagem de programação construída dentro dela. Como o Bitcoin, tem mais de 5 mil full nodes e se distribui pelo mundo todo. O Ethereum é usado principalmente para comercializar ether, fazer contratos inteligentes e criar organizações autônomas descentralizadas (DAOs). Também tem sido usada para proteger aplicações de blockchain e blockchains menores.

A rede Factom é a terceira evolução em tecnologia blockchain. Ela utiliza um sistema de consenso mais leve, incorpora votações e armazena muito mais informações. Inicialmente, foi construída para proteger dados e sistemas. O Factom opera com nós federados e um número ilimitado de nós de fiscalização. Sua rede é pequena, então ele se ancora em outras redes distribuídas, construindo pontes sobre os transportes blockchains.

Consenso: A Força-motriz dos Blockchains

Blockchains são ferramentas eficazes porque criam sistemas honestos que se corrigem, sem necessidade de uma terceira parte para fazer cumprir as regras. Eles realizam a aplicação das regras por meio de seu algoritmo de consenso.

No mundo do blockchain, *consenso* é o processo de desenvolver um acordo entre um grupo de acionistas frequentemente desconfiados. Esses são os full nodes na rede, que são transações de validação que participam da rede para serem registradas como parte do livro-razão.

A Figura 1-2 mostra o conceito de como blockchains chegam a um acordo.

Cada blockchain tem seus próprios algoritmos para criar um acordo dentro de sua rede nas entradas que são acrescentadas. Há muitos modelos diferentes para criar consenso, porque cada blockchain está criando tipos diferentes de entradas. Alguns blockchains são valores comerciais, outros são dados de armazenamento, e outros, sistemas de segurança e contratos.

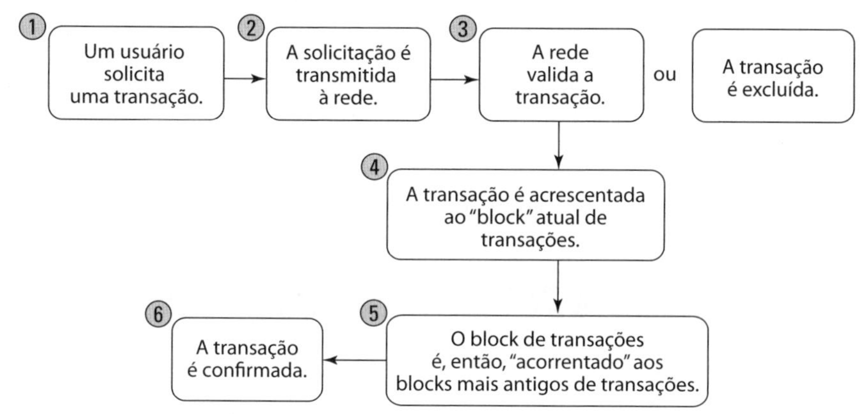

FIGURA 1-2: Como blockchains funcionam.

O Bitcoin, por exemplo, está comercializando o valor de seu token entre membros de sua rede. Os tokens têm valor de mercado, portanto, as exigências relacionadas a desempenho, redimensionabilidade, consistência, modelo de ameaça e modelo de falha serão mais altas. O Bitcoin opera com o pressuposto de que um invasor mal-intencionado pode querer corromper o histórico dos negócios a fim de roubar tokens. O Bitcoin evita que isso aconteça usando um modelo de consenso chamado "prova de trabalho", que resolve o problema do general Bizantino: "Como você sabe que a informação para a qual está olhando não mudou interna ou externamente?" Por ser quase sempre possível mudar ou manipular dados, a confiabilidade dos dados é um grande problema para a informática.

A maioria dos blockchains opera sob a premissa de que serão atacados por forças externas ou por usuários do sistema. A ameaça esperada e o nível de confiança que a rede tem nos nós que operam o blockchain determinarão o tipo de algoritmo de consenso que eles usam para estabelecer seus livros fiscais. Por exemplo, o Bitcoin e o Ethereum esperam um nível muito alto de ameaça e usam um algoritmo de consenso forte, chamado *proof-of-work* (prova de trabalho). A rede não precisa que um participante confie no outro para funcionar.

No outro limite da escala, blockchains que são usados para registrar transações financeiras entre grupos conhecidos podem usar um consenso mais leve e mais rápido. A necessidade deles por transações de alta velocidade é mais importante. A proof-of-work é muito lenta e cara para operar, por conta dos relativamente poucos participantes dentro da rede e da necessidade imediata e definitiva para cada transação.

Blockchains em Uso

Centenas de blockchains e aplicações de blockchain estão em vigor hoje em dia. O mundo inteiro se tornou obcecado pelas ideias de movimentar o dinheiro mais rápido, incorporar e governar em uma rede distribuída e construir aplicações e hardware seguros.

Você pode ver muitos desses blockchains públicos se for a uma plataforma de negociação de criptomoedas.

A Figura 1-3 mostra o taxa de troca de uma altcoin para a Poloniex (`https://poloniex.com` — conteúdo em inglês), uma plataforma de comercialização de criptomoedas.

FIGURA 1-3: Plataforma de intercâmbio de altcoin.

Blockchains estão se movimentando além do valor de mercado comercial e sendo incorporados a todos os tipos de indústrias, e eles acrescentam uma nova camada de confiança que, agora, torna seguro trabalhar online de um modo que antes não era possível.

Usos atuais do blockchain

A maioria das aplicações de blockchain em funcionamento gira em torno de movimentar dinheiro ou outras formas de valor de maneira rápida e barata. Isso inclui comercializar ações públicas da empresa, pagar funcionários em outros países e trocar uma moeda por outra.

Blockchains também estão sendo usados hoje em dia como parte de um software de camadas de segurança. O Departamento de Segurança Interna dos Estados Unidos tem investigado softwares de blockchain que protegem a Internet das Coisas (IoT). O mundo IoT é o que mais tem a ganhar com essa inovação, porque é especialmente vulnerável a falsificações e outras formas de invasão. Dispositivos IoT também se tornaram mais disseminados, e a segurança se tornou mais dependente deles. Sistemas hospitalares, carros autônomos e sistemas de segurança são exemplos ideais.

DAOs são outra inovação interessante de blockchain. Esse tipo de aplicação de blockchain representa um novo modo de organizar e incorporar companhias online. DAOs têm sido usados para organizar e investir em fundos por meio da rede Ethereum.

Futuras aplicações de blockchain

Projetos de blockchain mais amplos e de longo prazo que estão sendo explorados agora incluem sistemas de registro respaldados pelo governo, identidade e aplicações de segurança em viagens internacionais.

As possibilidades de um futuro infundido de blockchains entusiasmaram a imaginação de pessoas em negócios, governos, grupos políticos e humanitários no mundo todo. Países como Reino Unido, Singapura e os Emirados Árabes Unidos veem isso como um meio de cortar custos, criar novos instrumentos financeiros e manter registros limpos. Eles têm investimentos ativos e iniciativas de exploração do blockchain.

Blockchains criaram as bases em que a necessidade de confiança foi tirada da equação. No que antes pedir "confiança" era um problema grande, com blockchains ele é pequeno. Do mesmo modo, a infraestrutura que faz cumprir a regra de que a confiança se rompeu pode ser mais leve. A maior parte da sociedade se constrói na confiança e na aplicação das regras. As implicações sociais e econômicas das aplicações de blockchain podem ser emocional e politicamente polarizadoras, porque o blockchain modificará a maneira como estruturamos transações com base em valores e de caráter social.

NESTE CAPÍTULO

» Descobrindo o blockchain certo para suas necessidades

» Elaborando um plano para seu projeto

» Desvendando obstáculos ao seu projeto

» Construindo um roteiro do projeto

Capítulo 2

Escolhendo um Blockchain

A indústria do blockchain é complexa e está crescendo em tamanho e funções a cada dia. Quando você compreender os três tipos principais de blockchains e suas limitações, saberá o que é possível com essa nova tecnologia.

Este capítulo trata da tecnologia blockchain e do desenvolvimento de um plano de projeto. Ele contextualiza os capítulos seguintes sobre plataformas e aplicações individuais de blockchain.

Aqui você examina como avaliar os três tipos diferentes de plataformas blockchain, o que está sendo construído em cada tipo e por quê. Eu dou a você algumas ferramentas para ajudá-lo a esboçar seu projeto, prever obstáculos e superar desafios.

A que Blockchains Dão Substância

Há muito burburinho em volta de blockchains e das criptomoedas que os administram. Um pouco desse burburinho é apenas resultado da flutuação no valor das criptomoedas e do medo de que a tecnologia blockchain vá prejudicar muitas funções industriais e governamentais. Uma grande quantia de dinheiro foi direcionada para pesquisa e desenvolvimento, porque interessados não querem se tornar obsoletos e empreendedores querem explorar novos modelos de negócios.

Quando se trata de encontrar uma oportunidade para a tecnologia blockchain agregar valor a uma organização, muitas vezes surge a pergunta: "A que blockchains agregam valor e de que modo são diferentes das tecnologias existentes?"

Blockchains são um tipo especial de base de dados. Eles podem ser utilizados em qualquer lugar em que você usaria uma base de dados convencional — mas talvez não faça sentido passar pela dificuldade e pelos gastos de se usar um blockchain quando uma base de dados convencional pode fazer o trabalho.

Você vê utilidade real em usar alguma forma de blockchain quando quer compartilhar informação com grupos nos quais não confia totalmente, seus dados precisam ser fiscalizados ou correm o risco de serem comprometidos interna ou externamente. Nenhum desses pontos é simples, e as soluções corretas podem ser difíceis de averiguar.

Esta seção ajuda a refinar suas opções.

Determinando suas necessidades

Há blockchains para todos os gostos. O truque é você encontrar um que corresponda a suas necessidades. Mapear suas necessidades para o melhor blockchain pode ser assustador. Sempre que tenho muitas opções e necessidades conflitantes frequentes, gosto de utilizar uma matriz de decisão ponderada.

Uma matriz de decisão ponderada é uma ferramenta excelente para avaliar as necessidades de um projeto e, então, mapear essas necessidades para possíveis soluções. Sua vantagem principal é ajudá-lo a quantificar e priorizar necessidades individuais para seu projeto e simplificar a tomada de decisões. Matrizes de decisão ponderadas também evitam que você fique sobrecarregado por critérios individuais. Se feita da maneira adequada, essa ferramenta permite convergir para uma única ideia que seja compatível com todos os seus objetivos.

Para criar uma matriz de decisão ponderada, siga estes passos:

1. **Faça um brainstorming com as ideias ou objetivos principais que sua equipe precisa satisfazer.**

DICA

Se não tem certeza dos critérios que precisa considerar ao avaliar seu projeto de blockchain, aqui estão algumas coisas para ter em mente:

- Escala e volume
- Velocidade e latência
- Segurança e imutabilidade
- Capacidade de armazenamento e necessidades estruturais

Sua equipe terá a própria lista de objetos e prioridades. Esses são apenas alguns nos quais pensar ao avaliar a plataforma correta a se usar para atender às suas necessidades.

2. **Reduza sua lista de critérios a, no máximo, dez itens.**

DICA

Se está tendo dificuldade para filtrar sua lista de necessidades, considere usar uma ferramenta de matriz de comparação.

3. **Crie uma tabela no Microsoft Excel ou em um programa similar.**
4. **Insira os critérios de concepção na primeira coluna.**
5. **Atribua um peso relativo a cada critério, com base no quanto o objetivo é importante para o sucesso do projeto.**

Limite o número de pontos a 10 e distribua-os entre todos os seus critérios — por exemplo, 1 = prioridade baixa, 2 = média, e 3 = alta.

DICA

Se você está trabalhando em uma equipe, faça com que cada membro atribua separadamente o peso aos critérios.

6. **Acrescente os números para cada objetivo e divida pelo número dos membros da equipe, para um peso coletivo da equipe.**
7. **Faça todos os ajustes necessários aos pesos para se certificar de que cada critério tenha o peso correto.**

Parabéns! Agora você tem uma lista ordenada de critérios que precisa conhecer para ter sucesso em seu projeto de blockchain.

Definindo sua meta

Você pode se perder com facilidade ao construir um projeto de blockchain que não tenha um objetivo ou propósito claro. Reserve tempo para entender aonde você e sua equipe gostariam de ir e qual é o objetivo final. Por exemplo, uma meta poderia ser comercializar um ativo com uma empresa parceira sem nenhum intermediário. Essa é uma grande meta com muitos interessados.

Volte-se para um projeto pequeno que seja um caso de uso minimamente viável para a tecnologia que articula de maneira clara o valor agregado ou as economias para sua empresa. Na mesma linha do exemplo anterior, um objetivo menor seria construir uma rede particular que possa trocar valores entre grupos de confiança.

Em seguida, construa sobre esse valor. A próxima vitória poderia ser construir um instrumento que seja negociável em sua nova plataforma. Cada passo deve demonstrar uma pequena vitória e o valor gerado.

Escolhendo uma Solução

Há três tipos principais de blockchains: redes públicas, como o Bitcoin, redes permissionadas, como o Ripple, e particulares, como o Hijro.

Blockchains fazem algumas coisas diretas:

- Movimentam e comercializam importâncias rapidamente e por um custo muito baixo.
- Criam históricos de dados quase permanentes.

A tecnologia blockchain também permite soluções menos diretas, como a habilidade de provar que você tem alguma "coisa" sem revelá-la à outra parte. Também é possível "provar o negativo", ou provar o que está faltando dentro de um conjunto de dados ou sistema. Esse recurso é particularmente útil para fiscalizar e provar conformidade.

A Tabela 2-1 lista casos de uso comuns adequados a cada tipo de blockchain.

TABELA 2-1 Tabela Principal

Propósito Inicial	Tipo de Blockchain
Movimentar valores entre partes não confiáveis	Público
Movimentar valores entre partes confiáveis	Privado
Comercializar valores entre coisas distintas	Permissionado
Comercializar valores da mesma coisa	Público
Criar organização descentralizada	Público ou permissionado
Criar contrato descentralizado	Público ou permissionado

Propósito Inicial	Tipo de Blockchain
Comercializar ativos securitizados	Público ou permissionado
Construir identidade para pessoas ou coisas	Público
Publicar registros públicos	Público
Publicar registros particulares	Público ou permissionado
Pré-formar fiscalização de registros ou sistemas	Público ou permissionado
Publicar dados de título de propriedade	Público
Comercializar dinheiro digital ou ativos	Público ou permissionado
Criar sistemas para securitizar a Internet das Coisas (IoT)	Público
Construir sistemas de segurança	Público

Pode haver exceções, dependendo de seu projeto, e é possível usar um tipo diferente de blockchain para atingir sua meta. Mas, em geral, aqui está como você pode separar tipos diferentes de redes e compreender seus pontos fortes e pontos fracos:

- **Redes públicas** são amplas e descentralizadas, qualquer um pode fazer parte delas em qualquer nível — isso inclui coisas como administrar um full node, minerar criptomoeda, comercializar tokens ou publicar entradas. Elas tendem a ser mais seguras e imutáveis que redes particulares ou permissionadas. Muitas vezes, são mais lentas e mais caras de usar. São protegidas por uma criptomoeda e têm capacidade limitada de armazenamento.
- **Redes permissionadas** são visíveis ao público, mas a participação é controlada. Muitas delas utilizam uma criptomoeda, mas podem ter um custo mais baixo para aplicações que são construídas em cima delas. Esse recurso torna mais fácil representar um projeto em escala e aumentar o volume de transações. Redes permissionadas podem ser muito rápidas com latência lenta e ter maior capacidade de armazenamento em relação a redes públicas.
- **Redes privadas** são compartilhadas entre grupos confiáveis e podem não ser visíveis ao público. Elas são muito rápidas e podem não ter latência. Também têm baixo custo para administrar e podem ser construídas em um fim de semana diligente. A maioria das redes particulares não utiliza criptomoeda e não tem a mesma imutabilidade e segurança das redes descentralizadas. A capacidade de armazenamento pode ser ilimitada.

Também há híbridos entre esses três tipos principais de blockchains que buscam encontrar o equilíbrio correto de segurança, fiscalização, escalabilidade e armazenamento de dados para aplicações construídas em cima deles.

Desenhando uma árvore de decisão de blockchain

Algumas das decisões que você encara ao trabalhar em um projeto de blockchain dentro de sua organização podem ser difíceis e desafiadoras. Leva tempo tomar decisões que envolvem:

- **Incerteza:** Muitos dos fatos que envolvem a tecnologia do blockchain podem ser desconhecidos e não testados.
- **Complexidade:** Blockchains têm muitos fatores interdependentes para considerar.
- **Consequências de alto risco:** O impacto da decisão pode ser significativo para sua organização.
- **Alternativas:** Pode haver tecnologias e tipos de blockchains alternativos, cada um com seu próprio pacote de incertezas e consequências.
- **Questões interpessoais:** Você precisa compreender como a tecnologia blockchain poderia afetar pessoas diferentes dentro de sua organização.

Uma árvore de decisão é uma ferramenta de suporte útil, que vai ajudá-lo a revelar consequências, resultados de eventos, custos de recursos e utilidade de se desenvolver um projeto de blockchain.

Você pode desenhar árvores de decisão no papel ou usar um aplicativo de computador. Aqui estão os passos para criar uma, a fim de revelar outros desafios que cercam seu projeto:

1. **Providencie uma folha grande de papel.**

   DICA

   Quanto mais escolhas houver, e quanto mais complicada a decisão, maior a folha de papel de que você precisará.

2. **Desenhe um quadrado no lado esquerdo do papel.**
3. **Escreva nesse quadrado uma descrição da meta principal e dos critérios para seu projeto.**
4. **Desenhe linhas à direita do quadrado para cada assunto.**
5. **Escreva uma descrição de cada assunto ao longo de cada linha.**

   DICA

   Atribua um valor de probabilidade para confrontar cada assunto.

6. **Faça um brainstorming de soluções para cada assunto.**
7. **Escreva uma decisão para cada solução ao longo de cada linha.**
8. **Continue esse processo até que tenha explorado cada assunto e descoberto uma solução possível para cada um.**

Tenha companheiros de desafio e revise todos os seus assuntos e soluções antes de finalizá-lo.

Fazendo um planejamento

Neste momento você deve ter um entendimento claro de seus objetivos, obstáculos e quais opções de blockchain tem disponíveis.

Aqui está um roteiro simples para construir seu projeto:

1. **Explique o projeto a interessados centrais e discuta seus componentes-chave e resultados previstos.**
2. **Escreva um plano de projeto.**

   Este é um conjunto vivo de documentos que mudará ao longo da vida de seu projeto.

3. **Desenvolva medidas de desempenho, declaração do escopo, cronograma e bases de custo.**
4. **Considere criar um plano de gerenciamento de riscos e um organograma.**
5. **Providencie uma entrada e defina funções e responsabilidades.**
6. **Faça uma reunião inicial para começar o projeto.**

   A reunião deveria abranger o seguinte:

   - Visão do projeto
   - Estratégia do projeto
   - Cronograma do projeto
   - Funções e responsabilidades
   - Atividades de formação de equipes
   - Compromissos da equipe
   - Como sua equipe tomará decisões
   - Principais métricas pelas quais o projeto será avaliado

LEMBRE-SE

Depois de finalizar seu projeto, ainda não acabou! Volte e analise seus êxitos e falhas. Aqui estão algumas perguntas que você pode fazer a si mesmo:

» Meus principais interessados estão satisfeitos?

» O projeto manteve o cronograma?

» Se não, o que o levou a atrasar?

» O que aprendi com esse projeto?

- O que eu gostaria de ter feito diferente?
- Criei, de fato, novos valores para minha companhia ou poupei dinheiro?

Talvez você queira voltar a este capítulo quando tiver um conhecimento mais aprofundado sobre tecnologia blockchain e estiver desenvolvendo um plano para construir um projeto.

NESTE CAPÍTULO

» **Criando e usando uma carteira Bitcoin**

» **Criando um contrato inteligente simples**

» **Implementando um blockchain particular**

Capítulo 3

Manuseando o Blockchain

Blockchains são ferramentas muito poderosas e aptas a mudar como o mundo movimenta dinheiro, protege sistemas e constrói identidades digitais. Se você não é desenvolvedor, provavelmente não estará fazendo nenhum desenvolvimento aprofundado em blockchain no futuro próximo. Dito isso, você ainda precisa entender como blockchains funcionam e quais são suas limitações principais, porque elas estarão integradas em muitas interações online cotidianas — desde o modo como empresas pagam pessoas até como governos sabem que seus sistemas e dados estão intactos e seguros.

Este capítulo ajuda você a se iniciar no mundo do blockchain. Você se familiarizará com muitos dos aspectos mais importantes do trabalho com blockchains e criptomoedas, embora vá trabalhar com ferramentas que o mantêm a uma distância confortável dos mecanismos internos intimidantes e complexos dos blockchains. Este capítulo também ajuda a estabelecer as criptocontas básicas de que precisará nos próximos capítulos.

Mergulhando no Blockchain do Bitcoin

O blockchain do Bitcoin é um dos maiores e mais eficazes blockchains do mundo. Inicialmente ele foi projetado para vender bitcoins, a criptomoeda. Então, logicamente, para criar uma mensagem no blockchain do Bitcoin, você precisa enviar alguns bitcoins de uma conta para outra.

Ao fazer isso, um histórico da transação fica registrado no blockchain do Bitcoin. Depois que uma transação é inserida, a informação não pode ser removida — sua mensagem ficará lá enquanto o Bitcoin existir. Esse conceito de permanência é marcante — é a característica mais importante de qualquer blockchain.

Você tem várias maneiras de acrescentar pequenas mensagens extras dentro de sua transação, mas não é sempre que esses métodos produzem mensagens facilmente legíveis. Nesta seção explico como construir a mensagem diretamente na transação Bitcoin.

Incorporar os dados no endereço Bitcoin assegura que ele será facilmente legível. Você pode fazer isso utilizando um URL Bitcoin personalizado. Pense em um URL personalizado como uma placa de um carro. URLs Bitcoin personalizados de seis letras podem ser obtidos gratuitamente, mas os mais extensos custam dinheiro. Quanto mais longo o URL personalizado, mais caro ele fica.

Neste projeto você criará duas carteiras Bitcoin, acrescentará fundos em uma delas, obterá um URL personalizado e enviará alguns bitcoins entre suas contas.

DICA

Se já tem uma carteira Bitcoin com fundos, você pode pular a primeira seção e usar essa carteira.

Criando sua primeira carteira Bitcoin

Um endereço de carteira Bitcoin é composto de 32 caracteres únicos. Ele permite que você envie e receba bitcoins. Sua chave privada é o código secreto associado a seu endereço Bitcoin que lhe permite provar que é proprietário dos bitcoins vinculados ao endereço.

Qualquer um que tenha sua chave particular pode gastar seus bitcoins, portanto, nunca a compartilhe.

CUIDADO

Sua primeira carteira Bitcoin precisa estar vinculada a um cartão de crédito ou conta bancária. Recomendo usar uma das seguintes carteiras Bitcoin (conteúdos em inglês):

- **BRD** (app iOS e Android)
- **Copay** (app iOS e Android)

A Copay não apresenta a possibilidade de compra de Bitcoin dentro do app. É preciso usar uma plataforma de negociação e depois realizar a transferência. Consultar "Fazendo uma entrada no blockchain do Bitcoin".

Criando uma segunda carteira Bitcoin

Para receber os bitcoins que enviará, você precisa fazer uma segunda carteira Bitcoin. Para essa segunda carteira, não use uma carteira Circle ou Coinbase — elas não têm a funcionalidade de que você precisa para esse fim.

A carteira Bitcoin mais fácil de usar para esse projeto é a Blockchain.info. Siga estes passos para criá-la:

1. **Vá ao site Blockchain.info** (`www.blockchain.info` — conteúdo em inglês).
2. **Clique em Wallet (Carteira).**
3. **Clique em Create Your Wallet (Criar Sua Carteira).**
4. **Insira um endereço de e-mail e uma senha.**

Gerando um URL Bitcoin personalizado

Um URL Bitcoin personalizado é como ter uma placa de carro personalizada. É um endereço Bitcoin que tem uma série de números ou letras com apelo para você. Um URL personalizado é opcional, mas é um jeito divertido de ver sua mensagem no Bitcoin. Há várias maneiras gratuitas de criar um URL personalizado de carteira Bitcoin. Meu favorito é o BitcoinVanityGen.com (conteúdo em inglês). Para criar seu URL personalizado usando o BitcoinVanityGen.com, siga estes passos:

1. **Vá para o site BitcoinVanityGen.com** (`www.bitcoinvanitygen.com` — conteúdo em inglês).
2. **Insira seis letras no campo Type Letters (Digite Letras).**

   O Bitcoin só permite mensagens pequenas, e seu URL personalizado constituirá o conteúdo de sua mensagem, que você pode ler com facilidade no Bitcoin.

DICA

Escolha algo legal, porque você pode reutilizar seu endereço sempre que quiser depois que ele foi criado.

3. **Clique em Generate (Gerar).**
4. **Clique em Email.**
5. **Insira seu endereço de e-mail.**

   BitcoinVanityGen.com envia um e-mail a você quando seu URL personalizado for encontrado.

6. **Clique no link do e-mail do BitcoinVanityGen.com.**

   Serão fornecidos seu novo URL personalizado e a chave particular associada ao URL.

7. **Copie seu URL e sua chave particular e guarde-os em um local seguro.**

   Você precisará de seu URL e da chave particular para a próxima seção.

CUIDADO

Nunca compartilhe suas chaves particulares! Salve sua chave particular e uma chave pública em algum lugar seguro, e use sua chave pública para receber ou enviar Bitcoins. (Você pode compartilhar suas chaves públicas Bitcoin o quanto quiser.) As chaves particulares são as verdadeiras chaves para seus bitcoins. Se sua chave particular for roubada ou se perder, você perde suas moedas para sempre.

LEMBRE-SE

Criptomoedas são implacáveis. Comece com quantidades pequenas de dinheiro enquanto aprende como usar esses sistemas.

Transferindo seu URL personalizado

Nesta seção você transfere seu URL personalizado para uma carteira. Transferi-lo permitirá que você gerencie seu URL e envie e receba bitcoins com facilidade. Siga estes passos para começar:

1. **Faça login em sua carteira Blockchain.info (veja "Criando uma segunda carteira Bitcoin", anteriormente neste capítulo).**

   A Figura 3-3 mostra a página de configurações em blockchain.info (conteúdo em inglês).

2. **Clique em Settings (Configurações), e depois clique em Addresses (Endereços).**

3. **Perto de Imported Addresses (Endereços Importados), clique em Manage Addresses (Gerenciar Endereços).**

   Aparece a tela representada na Figura 3-1.

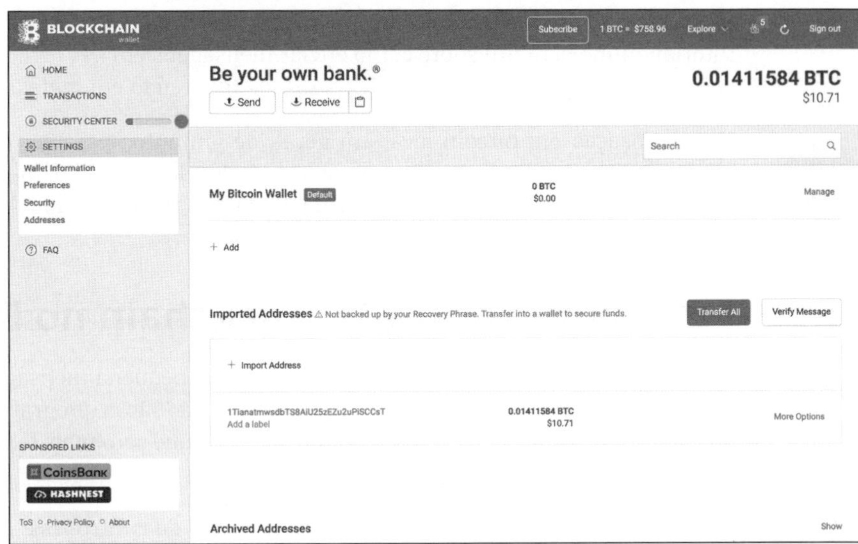

FIGURA 3-1: Gerenciando seus endereços.

4. **Clique em Import Address (Importar Endereço), insira sua chave particular e clique em Import (Importar).**

   Agora você criou um endereço que permite a qualquer um ler seu URL personalizado quando você envia ou recebe bitcoins.

Fazendo uma entrada no blockchain do Bitcoin

Agora que você tem duas carteiras Bitcoin, é possível fazer uma entrada no blockchain do Bitcoin. Você pode fazer isso enviando bitcoins entre suas duas carteiras. Aqui está como (as especificidades variam de uma carteira para outra, mas esta é a ideia geral):

1. **Faça login na carteira Bitcoin na qual você adicionou os fundos iniciais (veja "Criando sua primeira carteira Bitcoin", anteriormente neste capítulo).**

   Isso o lembra de inserir o destinatário.

2. **Navegue para a página na qual você pode enviar dinheiro e copie e arquive seu URL personalizado (veja "Gerando um URL Bitcoin personalizado") no campo endereço.**

3. **Insira uma quantidade pequena de dinheiro que você gostaria de enviar, e então clique em Send (Enviar).**

Parabéns! Você acaba de enviar sua primeira mensagem permanente! Você gravou para sempre sua mensagem no histórico do Bitcoin.

Se gostou de aprender como fazer isso e quer saber mais, você pode acessar um tutorial online bem útil sobre como enviar mensagens em www.blockchainpie.com/blockchain-tutorial-bitcoin-message (conteúdo em inglês).

PAPO DE ESPECIALISTA

Uma transação em bitcoin leva, em geral, dez minutos para ser confirmada, mas pode levar várias horas. Quanto maior o valor da transação, mais você deve esperar. Uma transação não confirmada ainda não foi incluída no blockchain e ainda é reversível.

Lendo uma entrada blockchain no Bitcoin

Na seção anterior, mostrei a você como criar uma pequena mensagem permanente no Bitcoin. Dados no blockchain do Bitcoin não são criptografados porque precisam ser confirmados pelos nós. Isso significa que será mais fácil encontrar a mensagem que você criou no último projeto.

DICA

Se você só fez transferência de bitcoins entre suas duas carteiras, espere 10 ou 15 minutos antes de seguir estes passos.

1. **Vá para o site Blockchain.info** (www.blockchain.info).
2. **Insira seu URL personalizado no box Search (Pesquisa) e pressione Enter.**

   A página de transação aparece.

Basta isso para encontrar sua transação e ler a mensagem que você elaborou na URL.

Usando Contratos Inteligentes com o Bitcoin

Um *contrato inteligente* é um software autônomo que pode tomar decisões financeiras. Os contratos inteligentes causam burburinho no mundo blockchain, porque são tanto incríveis como terríveis em suas implicações para o modo como a economia mundial opera.

Em suma, um contrato inteligente é um contrato escrito que foi traduzido em código e construído como afirmações complexas se-então (*if-then*). O contrato é capaz de autoverificar que condições foram atendidas para executá-lo, e ele faz isso puxando dados confiáveis de fontes externas. Contratos inteligentes também podem se executar sozinhos ao liberar dados de pagamento ou outros tipos de dados. Eles podem ser construídos em torno de muitos tipos diferentes de ideias, e não precisam ser financeiros por natureza. Contratos inteligentes podem fazer tudo isso enquanto permanecem invioláveis ao controle externo.

A tecnologia Blockchain permitiu a existência de contratos inteligentes porque eles oferecem a permanência e resistências corrompidas que antes só eram proporcionadas por papel, tinta e uma autoridade certificadora que fizesse tudo se cumprir. Contratos inteligentes são uma revolução na maneira como realizamos negócios. Eles asseguram que um contrato será executado como foi escrito. Nenhuma imposição externa é necessária. O blockchain age como intermediário e executor.

Contratos inteligentes são uma grande coisa, porque quando máquinas começam a executar contratos, fica difícil ou impossível desfazê-los. Isso também traz à tona uma característica importante desses instrumentos que não pode ser negligenciada, e minha primeira lei de contratos inteligentes: *Aquela que controla os dados controla o contrato.* Todos os contratos inteligentes verificam uma alimentação externa de dados para provar a execução e liberar o pagamento para a parte correta.

CUIDADO

Embora contratos inteligentes sejam uma nova tecnologia revolucionária, eles ainda não podem interpretar a *intenção* das partes participantes do contrato. Em nossa sociedade, contratos legais dependem de pessoas para interpretar o que as partes que entram no contrato querem dizer. Computadores (pelo menos até agora) só conseguem entender códigos, não a intenção das partes.

Construindo seu primeiro vínculo inteligente

Um *vínculo inteligente* (*smart bond*) é um tipo de contrato inteligente que pode manter e liberar um objeto de valor por conta própria, enquanto também monitora pagamentos em várias moedas usando alimentação de dados com preço à vista. Existem muitos tipos diferentes de contratos inteligentes, e novos são inventados todos os dias.

Siga estes passos para construir seu primeiro vínculo inteligente:

1. **Vá para o site SmartContract** (`www.smartcontract.com` — conteúdo em inglês).*

2. **Clique em Sign Up (Inscrever-se).**

   Aparece a página Sign Up.

3. **Insira um endereço de e-mail e senha e clique em Create an Account (Criar uma Conta).**

   A SmartContract envia um e-mail com um link de confirmação.

* O site `smartcontract.com` não tem mais a opção de criar um vínculo inteligente, mas mantivemos o exemplo para informar ao leitor como o procedimento era realizado.

4. **Clique no link no e-mail que a SmartContract enviou a você para verificar sua conta e faça login.**
5. **Clique em Create Contract (Criar Contrato).**
6. **Clique na aba Smart Bond (Vínculo Inteligente) (veja a Figura 3-2).**

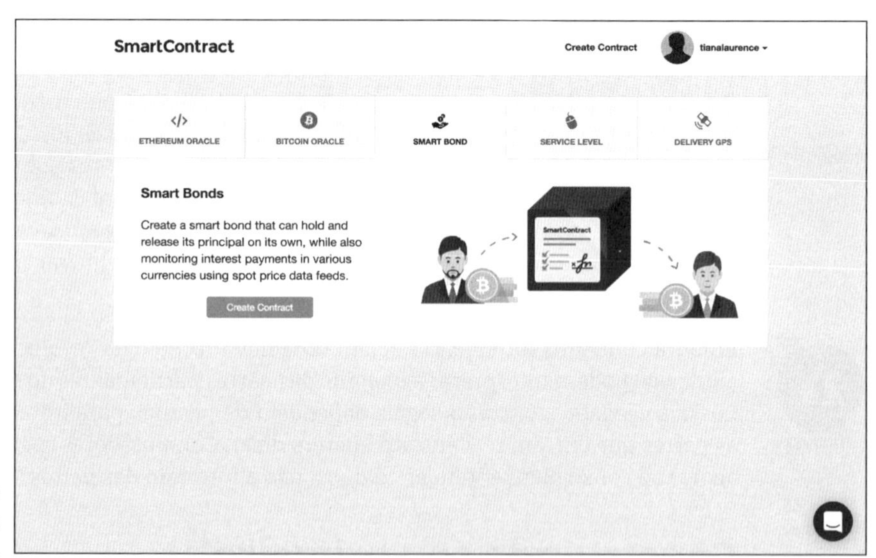

FIGURA 3-2: Aba Smart Bond.

7. **Clique no botão Create Contract (Criar Contrato).**

   Você está pronto para construir sua primeira afirmação se-então (*if-then*).

8. **Clique na aba Smart Terms (Termos Inteligentes).**

   Contratos inteligentes verificam uma alimentação externa de dados para comprovar a execução de seu contrato e ativar a liberação do pagamento. Aqui você escolhe as condições que ativarão seu contrato inteligente.

9. **Escolha Performance Monitoring (Monitoramento de Execução).**

   O monitoramento de execução verificará se uma ação foi submetida fora do contrato. No seu caso, será a movimentação de fundos de uma conta para outra.

10. **No campo If Payment To (Se Pago a), insira um de seus endereços Bitcoin (criados anteriormente neste capítulo).**
11. **No campo Is (É), insira uma quantia pequena de reais que você gostaria de transferir de um endereço Bitcoin para o outro.**
12. **No campo By Expiration Date (Data de Vencimento), insira uma data adiante alguns dias.**

13. **Isso define os parâmetros de tempo que o contrato usará para monitorar fontes externas.**

14. **Clique na aba Description (Descrição) (veja a Figura 3-3).**

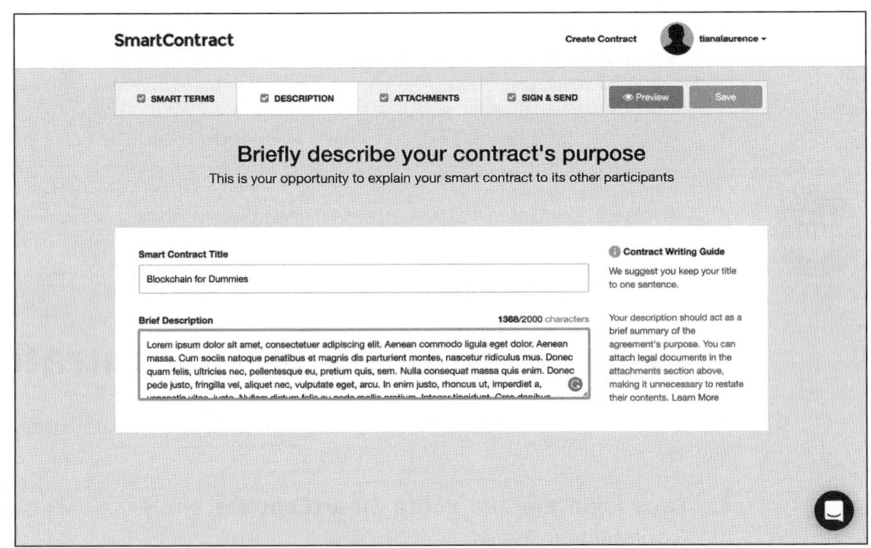

FIGURA 3-3: A aba Description.

15. **No campo Smart Contract Title (Título do Contrato Inteligente), insira um nome para seu contrato.**

16. **No campo Brief Description (Breve Descrição), insira — adivinhou! — uma descrição breve do contrato.**

    A descrição deve funcionar como um sumário breve do propósito do acordo. Aqui você também pode anexar um documento legal ou outros dados, como uma imagem.

17. **Clique na seção Attachments (Anexos).**

CUIDADO

Contratos inteligentes são uma tecnologia nova e podem ter contratempos. É melhor só anexar coisas sem importância e que você não veja problema em expor publicamente.

18. **Clique em Attach Documents (Anexar Documentos).**

    Você pode anexar uma imagem ou um PDF.

19. **Clique na aba Sign & Send (Assinar & Enviar).**

20. **No campo Address (Endereço), insira seu endereço de e-mail para enviar o contrato a você mesmo.**

21. **Clique no botão Finalize Contract (Finalizar Contrato).**

    Agora seu contrato estará monitorando o blockchain do Bitcoin para acompanhar se você está enviando fundos ao endereço da carteira Bitcoin listada anteriormente.

22. **Volte a suas carteiras Bitcoin e envie fundos entre as duas carteiras.**

    Certifique-se de usar o endereço e um pouco mais que a quantia que você listou no contrato nos Passos 10 e 11. Quando o contrato que você criou vir o registro da transação do blockchain do Bitcoin, você será notificado por e-mail.

A rede Bitcoin levará uma parte da transação, então acrescente um pouco mais para que se cumpram os termos do contrato. Por exemplo, se você definiu o contrato para R$5, envie R$5,15, só por segurança.

Verificando o status de seu contrato

Você pode verificar o status de seu contrato a qualquer momento seguindo estes passos:

1. **Faça login em sua conta SmartContract em** `www.smartcontract.com` (conteúdo em inglês).

2. **Vá a seu Contract Dashboard (Painel de Contratos).**

   Depois que sua transação for finalizada, o contrato aparecerá como completo. Seu status de contrato está localizado abaixo do Contract Dashboard.

Dê à rede Bitcoin de 10 a 15 minutos para processar sua transação antes de verificar seu status.

Construindo um Blockchain Particular com o Docker e o Ethereum

Blockchains particulares mantêm as promessas de ter os benefícios de uma base de dados particular e a segurança dos blockchains. A ideia é mais atraente por dois motivos:

- **Blockchains particulares são ótimos para desenvolvedores, porque permitem que eles testem ideias sem usar criptomoeda.** As ideias do desenvolvedor também podem permanecer em segredo, porque os dados não foram divulgados publicamente.
- **Instituições grandes podem tirar proveito da segurança e da permanência da tecnologia blockchain sem que suas transações sejam públicas do modo como são nos blockchains tradicionais.**

A maior parte deste livro presume que você está começando a aprender sobre blockchain pela primeira vez e que tem pouca ou nenhuma habilidade em programação, mas esta seção exige algum conhecimento de GitHub, Docker e como usar o terminal de seu computador. Se você precisa de uma recapitulação rápida sobre codificação antes de começar, recomendo o *Codificação Para Leigos*, de Nikhil Abraham (Alta Books), para um excelente resumo sobre codificação para quem não é técnico. Se você planeja nunca ter experiência prática com a tecnologia blockchain, talvez queira pular o restante deste capítulo.

Nesta seção você mergulha na construção de seu primeiro blockchain. Você o constrói em dois passos. O primeiro é preparar seu computador para criar seu blockchain particular. Não se preocupe — ficou mais fácil com ferramentas do Docker e o trabalho feito por desenvolvedores talentosos no GitHub. O segundo passo é construir seu blockchain dentro de seu terminal Docker.

Preparando seu computador

Você precisa baixar algum software em seu computador para tentar este projeto blockchain. Comece baixando o Docker Toolbox. Vá para `www.docker.com/toolbox` (conteúdo em inglês) para baixar a versão correta para seu sistema operacional.

Em seguida, baixe o GitHub Desktop. Vá para `http://desktop.github.com` (conteúdo em inglês). Depois de instalar o GitHub Desktop, crie uma conta GitHub em `www.github.com` (conteúdo em inglês) clicando em *Sign Up* (Inscreva-se) e inserindo um nome de usuário, endereço de e-mail e senha, e depois clicando no botão *Sign Up for GitHub* (Inscreva-se no GitHub).

Agora você precisa criar um local para armazenar seus dados de blockchain. Crie uma pasta no desktop de seu computador chamada `ethereum`. Você usará essa pasta para manter seu repositório futuro e outros arquivos. Siga estes passos para completar o processo:

1. **Abra o GitHub Desktop.**
2. **Inscreva-se na aplicação GitHub Desktop em seu computador com sua nova conta GitHub.**
3. **Retorne ao browser da web e vá para** `www.github.com/Capgemini-AIE/ethereum-docker` (conteúdo em inglês).

   Você verá a página mostrada na Figura 3-4.

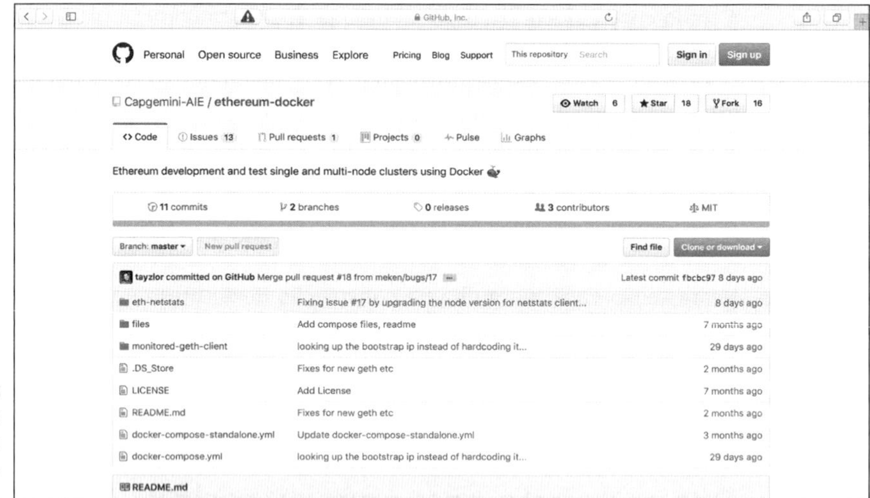

FIGURA 3-4: Navegue nesta página no GitHub.

4. **Clique no botão Clone ou Download.**

   Você receberá duas opções: Open on Desktop ou Download Zip (veja a Figura 3-5).

5. **Selecione Open (Abrir) na opção Desktop.**

   A aplicação GitHub Desktop reabrirá.

   Na aplicação GitHub Desktop, navegue na pasta de projeto `ethereum` **e clique em Clone.**

Clone das cópias do GitHub a informação da qual você precisa para construir seu novo blockchain, e siga os passos da próxima seção para começar a construir seu blockchain particular.

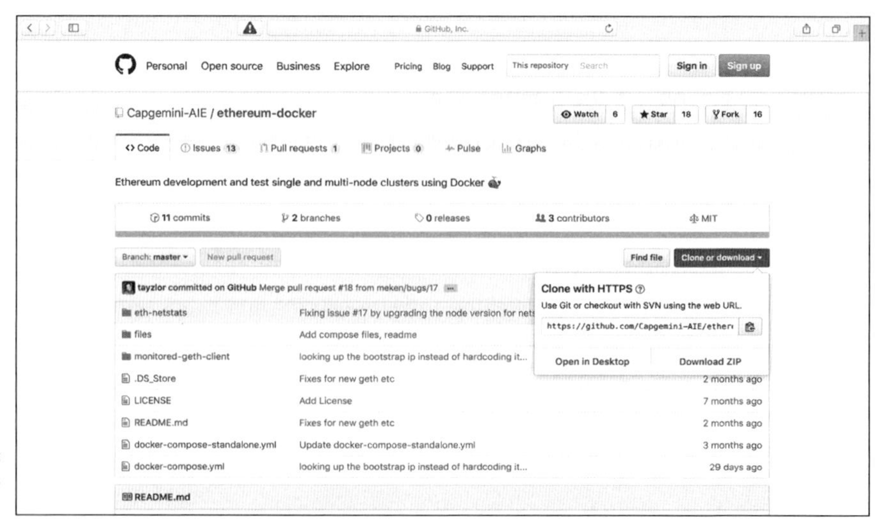

FIGURA 3-5: Aberto no desktop.

Construindo seu blockchain

Você usará a ferramenta gratuita do Docker Quick Start Terminal para construir seu blockchain. Ela lhe dá acesso à máquina virtual, reduzindo o tempo exigido para configurar e depurar seu sistema. Por conta desses recursos, ela permite criar um ambiente estável para seu blockchain, então você não precisa se preocupar com as configurações em sua máquina e pode ficar pronto para começar mais rápido.

Siga estes passos:

1. **Inicie o Docker em seu computador usando o Terminal Docker Quick Start.**

DICA

O Terminal Quick Start deve estar localizado em suas aplicações ou em seu desktop.

A aplicação Docker abre um terminal que você usará para construir seu blockchain.

2. **Mude diretórios no terminal para o `ethereum`.**

Os arquivos que você cria elaborando o novo blockchain entrarão no arquivo do desktop que você fez na seção anterior. Você precisa dar um comando para o terminal, a fim de mudar diretórios. Se está rodando um Mac ou um Linux, insira o comando a seguir:

```
cd ~ /Desktop/ethereum/ethereum-docker/
```

Se está em um PC, insira o seguinte comando:

```
cd ~ \Desktop\ethereum\ethereum-docker\
```

DICA

Se esses comandos não funcionarem por alguma razão, busque na web tutoriais que expliquem como mudar diretórios no seu tipo de sistema.

Agora você pode utilizar os arquivos Ethereum-Docker.

3. **Crie um único nó Ethereum inserindo o seguinte comando em seu terminal:**

```
docker-compose -f docker-compose-standalone.yml up -d
```

Essa única linha de código terá criado o seguinte:

- Um recipiente dentro do Ethereum.
- Um recipiente Ethereum que o conecta ao recipiente dentro do Ethereum.
- Um recipiente Netsats com uma web IU (web User Interface) para ver as atividades no cluster.

4. **Dê uma olhada em seu novo blockchain abrindo um browser web e indo para** `http://$(docker-machine ip default):3000` (conteúdo em inglês).

Parabéns! Você construiu seu próprio blockchain privado. Se for inclinado a isso, agradeça a Graham Taylor e Andrew Dong, que gastaram muito tempo criando a integração Ethereum–Docker.

2 Desenvolvendo Seu Conhecimento

NESTA PARTE...

Descubra a origem da tecnologia blockchain com o blockchain do Bitcoin.

Elucide seu conhecimento da rede Ethereum e amplie sua compreensão de organizações autônomas descentralizadas e contratos inteligentes.

Identifique os conceitos principais da rede Ripple e como ela faz câmbio de quase todo tipo de valor instantaneamente.

Avalie o blockchain Factom e sua capacidade de proteger dados e sistemas.

Aprofunde-se no blockchain de alta velocidade DigiByte e aprenda algumas das aplicações divertidas feitas com a tecnologia blockchain.

NESTE CAPÍTULO

» Entendendo de onde veio o blockchain do Bitcoin

» Esclarecendo alguns mitos sobre o Bitcoin

» Sendo prudente ao usar o Bitcoin

» Minerando bitcoins

» Fazendo uma carteira de papel para guardar seus bitcoins

Capítulo 4

Contemplando o Blockchain do Bitcoin

Aviso! Depois de ler este capítulo, você pode se viciar nessa interessante tecnologia emergente. Leia por sua conta e risco.

O Bitcoin evidencia os aspectos mais puros da tecnologia blockchain. É a referência à qual todos os outros blockchains são comparados e a estrutura da qual quase todos tiram proveito. Saber o básico sobre como o blockchain do Bitcoin opera permitirá que você entenda melhor todas as outras tecnologias que encontrar nesse ecossistema.

Neste capítulo forneço os fundamentos de como o blockchain do Bitcoin opera. Ofereço dicas de segurança que tornarão sua experiência com o Bitcoin mais suave e mais bem-sucedida. Também mostro coisas práticas que você pode começar a fazer agora com o Bitcoin. Nestas páginas você descobre como minerar o token bitcoin, dando-lhe um novo modo de pôr as mãos em bitcoins sem comprá-los. Por fim, você descobre como transferir seus tokens para carteiras de papel e outras maneiras práticas de manter seus tokens seguros online.

Uma Breve História do Blockchain do Bitcoin

O Bitcoin e o conceito de seu blockchain foram apresentados pela primeira vez no fim de 2008 como um whitepaper e, mais tarde, liberados como software aberto em 2009. (Você pode ler o whitepaper do Bitcoin em `www.bitcoin.org/bitcoin.pdf` — conteúdo em inglês.)

O autor que apresentou o Bitcoin pela primeira vez nesse whitepaper de 2008 é um programador, ou um grupo anônimo, trabalhando sob o nome de Satoshi Nakamoto. Nakamoto colaborou com muitos outros desenvolvedores de código aberto de Bitcoin até 2010. Desde então, essa pessoa ou equipe interrompeu seu envolvimento no projeto e transferiu o controle para desenvolvedores notórios de Bitcoin. Houve muitas reivindicações e teorias relativas à identidade de Nakamoto, mas nenhuma delas foi confirmada até então.

De qualquer maneira, a criação de Nakamoto é um sistema extraordinário de pagamento ponto a ponto (*peer-to-peer*) que permite aos usuários enviar bitcoins, o token de transferências de valor, diretamente e sem um intermediário para responsabilizar as duas partes. A rede em si age como intermediária, verificando as transações e assegurando que ninguém tente burlar o sistema gastando bitcoins duas vezes.

O objetivo de Nakamoto era fechar o imenso buraco na confiança digital, e o conceito de blockchain era sua resposta. Isso resolveu o problema do general Bizantino, que é o problema humano máximo, sobretudo online: como confiar na informação que você recebe e nas pessoas que estão lhe dando essa informação quando interesses próprios, terceiros mal-intencionados e similares podem enganá-lo? Muitos entusiastas do Bitcoin sentem que a tecnologia blockchain é a peça que faltava e que permitirá às organizações operar totalmente online, porque reestrutura a confiança ao registrar informações relevantes em um espaço público que não pode ser removido e sempre pode ser citado, tornando a trapaça mais difícil.

Blockchains misturam muitas tecnologias antigas que organizações têm utilizado por milhares de anos de novas maneiras. Por exemplo, criptografia e pagamento são unidos para criar criptomoeda. *Criptografia* é a arte de proteger a comunicação sob o olhar de terceiros. Fazer um pagamento através de um token que representa valores também é algo que humanos vêm fazendo há muito tempo, mas, quando unidos, eles criam criptomoedas e se tornam uma coisa totalmente nova. A criptomoeda permite que você pegue o conceito de dinheiro e o movimente online, com a capacidade de comercializar valores de modo seguro através de um token.

Blockchains também incorporam *hashing* (transformar dados de qualquer tamanho em valores reduzidos e de extensão fixa). A hashing também incorpora outra tecnologia antiga, chamada árvore de Merkle, que pega várias hashes e as comprime em uma só, enquanto ainda permanece apta a provar cada unidade de um dado que foi hasheado individualmente (veja a Figura 4-1).

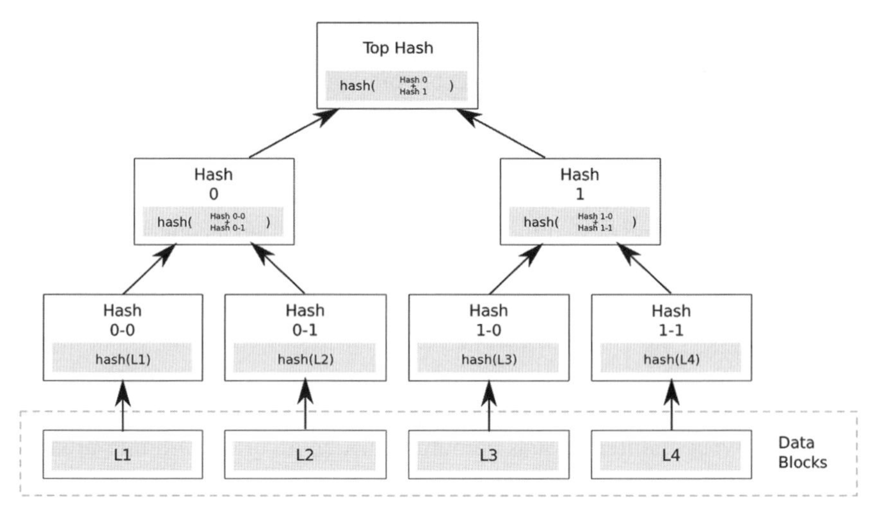

FIGURA 4-1: Árvore de Merkle.

Em última análise, blockchains são livros-razão, os quais a sociedade tem usado por milhares de anos para manter contas financeiras. Quando todos esses modelos antigos são mesclados e viabilizados online em uma base de dados distribuída, tornam-se revolucionários.

O Bitcoin foi primeiramente projetado para enviar a criptomoeda bitcoin. Mas, muito rapidamente, os criadores perceberam que ele tinha um potencial muito maior. Com isso em mente, eles projetaram o blockchain do Bitcoin para ser capaz de registrar mais que os dados relacionados à movimentação do token. O blockchain do Bitcoin é o blockchain mais antigo do mundo, e um dos maiores. Ele é composto de milhares de nós que estão executando o protocolo do Bitcoin. O protocolo está criando e protegendo o blockchain.

LEMBRE-SE

Em termos muito simples, o *blockchain* é um livro-razão público de todas as transações na rede Bitcoin, e os *nós* são computadores que estão registrando entradas nesse livro-razão. O *protocolo do Bitcoin* são as regras que regem esse sistema.

Os nós preservam a rede ao minerar a criptomoeda bitcoin. Novos bitcoins são criados como uma recompensa por processar transações e registrá-las dentro do blockchain. Os nós também recebem uma pequena comissão por confirmar transações.

Qualquer um pode gerenciar o protocolo do Bitcoin e minerar o token. É um projeto de código aberto que prospera à medida que mais pessoas participam da rede. Quanto menos pessoas participando, mais centralizada ela se torna — e centralização enfraquece o sistema. A principal coisa que torna o Bitcoin um sistema seguro é o número elevado de nós independentes mundialmente distribuídos.

Os mineradores de mais sucesso têm sistemas robustos que conseguem superar mineradores mais lentos. Em sua história inicial, você poderia gerenciar o protocolo do Bitcoin e ganhar bitcoins em um computador de mesa. Agora, para ter qualquer esperança de receber bitcoins, você precisa adquirir equipamento caro e especializado ou usar um serviço de nuvem.

Para criar uma mensagem no blockchain do Bitcoin, você precisa enviar alguns bitcoins de uma conta para outra. Quando você envia uma transação no Bitcoin, a mensagem se difunde pela rede inteira. Depois que a mensagem é enviada, é impossível alterá-la, porque ela fica registrada dentro do blockchain do Bitcoin. Esse recurso torna indispensável que você sempre escolha com sabedoria sua mensagem e nunca divulgue informações delicadas.

Divulgar a mesma mensagem a milhares de nós e depois salvá-la para sempre no livro fiscal do token pode ser muito rápido. Então o Bitcoin exige que você mantenha suas comunicações bem curtas. O limite atual é somente 40 caracteres.

AS LIMITAÇÕES DO BITCOIN

Blocks que constituem o blockchain do Bitcoin têm limite de 1MB de tamanho. Isso limita o número de transações que o blockchain do Bitcoin pode suportar a sete transações por segundo. Novos blocks ocorrem em média a cada dez minutos, mas não são garantidos.

Essas limitações são hard-coded no protocolo do Bitcoin e ajudam a assegurar que a rede permaneça descentralizada, e descentralização é a chave para a solidez do Bitcoin. Blocks maiores imporiam dificuldades aos mineradores e poderiam disseminar operações pequenas.

O Bitcoin tem limitações integradas que o impedem de lidar com o volume mundial de transações monetárias. Ele também está sendo usado para proteger outros tipos de dados e de sistemas. A demanda para usar o seguro livro-razão do Bitcoin é alta. Essa dificuldade é denominada *bolha Bitcoin*, e ela desacelerou a rede e aumentou o custo das transações.

A esta altura, a maioria dos desenvolvedores de blockchain está apenas tentando expandir a utilidade do blockchain do Bitcoin. A maioria não chegou a um ponto em que precise intensificar seus protótipos e conceitos para que o blockchain do Bitcoin possa lidar com sua solicitação. Outras novas tecnologias blockchain também ajudaram a reduzir a pressão sobre o Bitcoin e deram a desenvolvedores opções mais baratas de proteger dados.

ENQUANTO O MUNDO GIRA: O DRAMA DO BITCOIN

Há um conflito significativo em torno do desenvolvimento central do Bitcoin. Apelidado de Guerra Civil do Bitcoin ou debate sobre o limite de tamanho do block, o conflito geral é entre manter a essência do Bitcoin como ele é e ampliar a funcionalidade do software. Esse conflito parece simples, mas as repercussões são enormes. A natureza permanente do Bitcoin e os ativos avaliados em bilhões de dólares que o software Bitcoin protege significam que cada mudança de código é rigorosamente revisada e debatida.

Além do conflito interno, o Bitcoin também está sob vigilância intensa de fora. A natureza descentralizada do Bitcoin que pode deslocar autoridades centrais o transformou em alvo para autoridades reguladoras. O Bitcoin também é favorecido por pessoas que desejam adquirir itens ilícitos anonimamente ou movimentar dinheiro de uma economia controlada para uma economia não controlada, evitando controles governamentais. Todos esses fatores deram má reputação ao Bitcoin e estabeleceram o julgamento da sociedade. Empreendedores que queriam lucrar com a tecnologia Bitcoin o rebatizaram. A mudança na terminologia foi usada para diferenciar a estrutura de software do bitcoin e de outras criptomoedas. Softwares que usavam a estrutura de criptomoedas começaram a ser chamados de *blockchain*. A mudança de tirar a ênfase de tokens controversos e realçar a estrutura de criptomoedas modificou visões governamentais e comerciais do Bitcoin, do medo ao entusiasmo.

O Bitcoin é um sistema vivo e dinâmico. A principal comunidade de desenvolvimento do Bitcoin está ativamente buscando maneiras de aperfeiçoar o sistema, tornando-o mais forte e mais rápido. Qualquer um pode contribuir com o protocolo do Bitcoin ao participar de sua página no GitHub (`www.github.com/bitcoin`). No entanto, há uma pequena comunidade de desenvolvedores principais dominantes do Bitcoin. Os colaboradores mais prolíficos são Wladimir Van Der Laan, Pieter Wuille e Gavin Andresen.

Desmascarando Alguns Equívocos Comuns sobre o Bitcoin

Muitas vezes, as pessoas suspeitam de qualquer coisa que seja nova, sobretudo coisas novas que não são fáceis de entender. Portanto, é natural que o bitcoin — uma moeda totalmente nova, diferente de tudo que o mundo tinha já visto antes — deixaria as pessoas confusas, e alguns equívocos surgiriam.

Aqui estão alguns dos equívocos que você talvez tenha ouvido sobre o Bitcoin:

- **O Bitcoin foi invadido.** Nunca houve um ataque bem-sucedido ao blockchain do Bitcoin que resultasse em bitcoins roubados. No entanto, muitos sistemas centrais que usam o Bitcoin foram invadidos. Carteiras e plataformas de negociação de Bitcoin com frequência são invadidos por conta de sua segurança inadequada. A comunidade Bitcoin contra-atacou, desenvolvendo soluções elegantes para manter suas moedas a salvo, incluindo criptografia de carteiras, assinaturas múltiplas, carteiras offline, carteiras de papel e em hardware, para citar apenas algumas.
- **O Bitcoin é usado para extorquir pessoas.** Por conta da natureza semianônima do Bitcoin, ele é usado em ataques ransomware. Invasores violam redes e as mantêm reféns até que seja feito um pagamento para eles. Hospitais e escolas têm sido vítimas desses tipos de ataques. No entanto, ao contrário do dinheiro, que era a preferência de ladrões no passado, o Bitcoin sempre deixa um rastro no blockchain que os investigadores podem seguir.
- **O Bitcoin é um esquema de pirâmide.** O Bitcoin é o oposto de um esquema de pirâmide, do ponto de vista dos mineradores de Bitcoin. O protocolo do Bitcoin é projetado como uma corrida armamentista canibal. Cada minerador adicional estimula o protocolo a aumentar a dificuldade da extração. Do ponto de vista social, o Bitcoin é um mercado puro. O preço dos bitcoins oscila com base em abastecimento de mercados, demanda e valor percebido.
- **O Bitcoin entrará em colapso depois que 21 milhões de moedas forem mineradas.** O Bitcoin tem um limite de número de tokens que vai liberar. Esse número é hard-coded em 21 milhões. Acredita-se que a data estimada na qual o Bitcoin emitirá sua última moeda é o ano de 2140. Ninguém consegue prever o que acontecerá nesse momento, mas mineradores sempre tirarão algum proveito de taxas transacionais. Além disso, usuários do blockchain e dos próprios bitcoins serão incentivados a proteger a rede porque, se a mineração para, os bitcoins ficam vulneráveis, e também os dados que ficaram trancados no blockchain.
- **Potência computacional suficiente poderia dominar a rede Bitcoin.** Isso é verdade, mas seria extremamente difícil, e a recompensa seria pouca ou nenhuma. Quanto mais nós entram na rede Bitcoin, mais difícil fica esse tipo de ataque. Para executá-lo, um invasor precisaria de toda a produção energética da Irlanda. A recompensa desse tipo de ataque também é extremamente limitada. Ela permitiria ao invasor somente reverter sua própria transação. Ele não poderia levar os bitcoins de mais ninguém ou falsificar transações ou moedas.
- **O Bitcoin é um bom investimento.** O Bitcoin é uma evolução nova e interessante na maneira como pessoas comercializam valores. Ele não tem apoio de um único governo ou organização, e só vale a pena porque pessoas estão dispostas a comercializá-lo por bens e serviços. A disposição das pessoas e sua habilidade de utilizar o Bitcoin oscilam muito. É um investimento instável que deveria ser considerado com cautela.

Bitcoin: O Novo Faroeste

O mundo Bitcoin é muito parecido com os primeiros tempos do faroeste. É melhor se aproximar com cautela até descobrir quem são os mocinhos e os bandidos e qual taberna serve a cerveja mais gelada. Se você for vítima de fraude, terá pouca ou nenhuma proteção.

PAPO DE ESPECIALISTA

Bitcoins se encaixam na definição de *commodity*, conforme o Commodity Exchange Act dos Estados Unidos, e são considerados uma moeda em muitos países europeus, mas a supervisão é pouca ou nenhuma.

Nesta seção listo três das fraudes comuns que predominam no mundo das criptomoedas. Todas elas tratam do roubo de moedas e se parecem muito com os contras com que você talvez já esteja familiarizado. Esta lista não é exaustiva, e vigaristas são bem criativos, então, muito cuidado ao usar bitcoins. Você nunca sabe o que ronda a próxima esquina.

Sites falsos

Sites que se parecem com plataformas de negociação ou com carteiras web, mas são falsos, assolaram alguns dos principais sites do Bitcoin. Esse tipo de fraude é comum no mundo Bitcoin e na web em geral. Impostores têm esperança de fazer dinheiro roubando informações de login de usuários ou enganando-os para fazê-los enviar bitcoins.

DICA

Sempre verifique o URL duas vezes e use somente sites seguros (os que começam com `https://`) para evitar esse problema. Se um site ou declaração parecem duvidosos, verifique se estão listadas em Badbitcoin.org (`www.badbitcoin.org`— conteúdo em inglês). Esta não é uma lista exaustiva, mas contém muitos dos maus participantes listados.

Não, você primeiro!

"Envie-me seus bitcoins que eu mando as mercadorias para você." Tem cheiro de trapaça, certo? Embustes como esse são semelhantes à fraude eletrônica. Nesse tipo de fraude, uma pessoa simula que vende algo a você, mas nunca entrega.

A natureza semianônima dos bitcoins — aliada à impossibilidade de fazer um estorno — torna difícil conseguir seu dinheiro de volta. Além disso, atualmente os governos não oferecem proteção para transações com bitcoins. Então, como no ditado, você está em um mato sem cachorro.

Fraudadores tentarão ganhar sua confiança enviando IDs falsos ou até mesmo imitando outras pessoas que talvez você conheça. Sempre verifique duas vezes a informação que eles lhe enviam.

DICA

A melhor maneira de escapar desse tipo de fraude é ouvir seu instinto e nunca arriscar mais bitcoins do que você estiver disposto a perder. Se existir um modo de verificar a identidade da pessoa offline, faça isso.

Esquemas "fique rico rápido"

Esquemas loucos do tipo "fique rico rápido" proliferaram no mundo da criptomoeda. A boa notícia é: é fácil reconhecê-los se você sabe o que está procurando.

Com frequência lhe prometerão retornos substanciais, e existe um tipo de seleção e processo de doutrinação. Esse processo poderia incluir coisas como treinamento em vendas, pedido de inclusão de seus amigos e família e promessas de que esse é um investimento livre de riscos e de que você nunca perderá seu dinheiro.

Conclusão: se um esquema parece muito bom para ser verdade, provavelmente é. Não importa o que seja, examine seriamente como o investimento está gerando valor fora do que você receberá de seu investimento. Se não há nenhum motivo claro e racional de que um montante significativo de valor está gerando índices, é fraude.

DICA

Passe todos os investimentos para um advogado e um contador. Eles podem ajudá-lo a entender seus riscos e implicações fiscais.

Minerando Bitcoins

Você pode começar a ganhar bitcoins de várias maneiras. Minerar bitcoins é o modo de ganhar bitcoins participando da rede. Em geral, isso é manejado por um hardware especial que é caro e específico. O equipamento também precisa de um software de mineração de bitcoins para conectar ao blockchain e seu *pool de mineração* (uma colaboração de muitos mineradores trabalhando em conjunto e, depois, dividindo as recompensas de seus esforços).

Aqui estão três maneiras-padrão de explorar a mineração do Bitcoin:

- **Bitcoin-QT:** O cliente Bitcoin-QT é o software original desenvolvido por Satoshi Nakamoto. Você pode baixá-lo em `https://bitcoin.org/en/download` (conteúdo em inglês).
- **CGminer:** CGminer é um dos softwares de mineração mais populares. Ele é em código aberto e está disponível para Windows, Linux e OS em `www.github.com/ckolivas/cgminer` (conteúdo em inglês).
- **Multiminerapp:** O Multiminerapp é um cliente Bitcoin fácil de operar. Você pode baixá-lo em `www.multiminerapp.com` (conteúdo em inglês).

LEMBRE-SE

O Bitcoin é um ambiente muito competitivo, e a menos que você compre um equipamento de mineração especializado, talvez nunca consiga ganhar bitcoins. Neste livro, não apoio ou recomendo nenhum equipamento de mineração específico, porque o mercado está em constante mudança e se desatualiza rapidamente. Espere pagar, em média, entre US$500 e US$5.000 por máquina. A Amazon.com é um bom lugar para ver isso. Eles têm várias opções e muitas opiniões de clientes que ajudam a orientar você.

Mineração em nuvem permite que você comece a ganhar bitcoins em uma tarde de esforço, sem necessidade de baixar software ou comprar equipamento. É só seguir estes passos:

1. **Vá para** `https://hashflare.io/panel` (conteúdo em inglês).*

   CUIDADO

   O retorno de investimento para mineração em nuvem pode ser negativo. Reveja com cuidado sua escolha para verificar se é um investimento positivo.

2. **Role para baixo a página inicial e clique no botão Buy Now (Compre Agora), embaixo de SHA-256 Cloud Mining.**

   DICA

   Quando escrevi este livro, essa opção tinha o retorno sobre investimento mais alto e o custo inicial mais baixo. Tire um tempo para reavaliar por conta própria, porque é possível que isso tenha mudado.

3. **Passe pelo processo de inscrição.**
4. **Vincule seu endereço bitcoin.**

   Se você não definiu um endereço bitcoin, volte ao Capítulo 3 e siga as indicações para criar uma carteira bitcoin. Você precisará fazer isso para reivindicar seus ganhos da mineração.

5. **Compre uma pequena quantia de mining power.**

   Isso permite que você se associe à rede bitcoin.

6. **Associe-se a um pool de mineração.**

   Esse passo permite que você consiga um ganho mais rápido com mineração do que quando minera por conta própria. Ele acumula os recursos de vários mineradores e, depois, compartilha o prêmio com o pool.

Parabéns! Agora é só relaxar e esperar seus ganhos de mineração começarem a rolar (ou pingar).

* A hashflare encerrou seus serviços de mineração em nuvem para Bitcoin. Não alteramos a sugestão por se tratar de um mercado arriscado e dinâmico. O leitor pode encontrar diversos recursos de avaliação de plataformas de mineração em nuvem e sugestões na internet.

Fazendo Sua Primeira Carteira de Papel

Uma *carteira de papel* é uma cópia impressa de sua chave pública e particular para seus bitcoins. Por serem totalmente offline, carteiras de papel são uma das maneiras mais seguras de guardar bitcoins quando feitas do jeito certo. A vantagem é que sua chave particular não fica armazenada digitalmente, portanto, não pode ser invadida. Fazer uma carteira de papel é bem fácil. É só seguir estes passos:

1. **Vá para** `www.bitaddress.org` (conteúdo em inglês).
2. **Movimente o mouse pela tela até que o valor de aleatoriedade mostre 100%.**
3. **Clique no botão Paper Wallet (Carteira de Papel).**

   Isso dá a opção de criar uma carteira de papel que você pode imprimir.

4. **No campo Addresses to Generate (Endereços a Gerar), insira 1.**

   Você pode fazer várias carteiras de uma vez se precisar, mas, de qualquer modo, deve começar com uma para pegar o jeito.

5. **Clique no botão Generate (Gerar).**

   A Figura 4-2 mostra uma carteira de papel que criei.

6. **Clique no botão Print (Imprimir).**

CUIDADO

Não deixe ninguém ver você criando sua carteira de papel. Isso não é algo que você vai querer fazer em um computador público. Certifique-se de usar uma impressora particular e não conectada à internet, para não correr o risco de suas chaves particulares serem invadidas.

DICA

Lamine sua carteira de papel para ela durar mais.

FIGURA 4-2: Uma carteira de papel.

NESTE CAPÍTULO

» Examinando como e por que o Ethereum começou

» Descobrindo o blockchain do Ethereum

» Detectando invasões no blockchain

» Dando início ao Ethereum

» Criando uma organização autônoma descentralizada

» Construindo contratos inteligentes e corporações descentralizadas

Capítulo 5

Confrontando o Blockchain do Ethereum

O projeto Ethereum é um dos blockchains mais desenvolvidos e acessíveis no ecossistema. Ele também é um líder de mercado em inovação blockchain e em casos de uso. Entender essa tecnologia é importante, porque ela está na vanguarda dos contratos inteligentes e das organizações descentralizadas.

Neste capítulo trato da composição do Ethereum e explico o novo modo de construir organizações e companhias no blockchain do Ethereum. Também abordo com profundidade a segurança e as aplicações comerciais práticas do blockchain do Ethereum. E deixo você por dentro de como o projeto começou e aonde ele planeja ir.

Este capítulo prepara você para criar sua própria organização descentralizada. Explico como minerar a criptomoeda na rede de testes para fomentar seus projetos. Depois de ler este capítulo, você será capaz de configurar sua própria carteira Ethereum e comercializar o token.

Explorando a Breve História do Ethereum

O Ethereum foi descrito pela primeira vez em 2013 em um whitepaper escrito por Vitalik Buterin, que era muito ativo na comunidade Bitcoin como redator e programador. Buterin percebeu que havia significativamente mais potencial no Bitcoin do que a capacidade de movimentar valores sem uma autoridade central. Ele estava contribuindo com a aposta de colored coin* dentro do Bitcoin, a fim de expandir sua utilidade para além da comercialização de seu token nativo. Buterin acreditava que outros usos de empresas e do governo, que exigem uma autoridade central para controlá-los, também poderiam ser construídos com estruturas blockchain.

Naquela época, havia um debate ferrenho sobre a rede Bitcoin estar sendo "inflada" por muitas transações de baixo custo a partir de aplicações que protegiam a si mesmas do Bitcoin. A principal preocupação era a de que aplicações adicionais, construídas no protocolo do Bitcoin, teriam problemas para crescer em volume. O Bitcoin não foi construído para lidar com o número de transações de que as aplicações necessitavam. Vitalik e muitos outros perceberam que, para pessoas construírem aplicações descentralizadas no blockchain do Bitcoin, ou o blockchain precisaria de uma reforma maciça no código ou eles teriam de construir um blockchain totalmente novo.

O Bitcoin já tinha sido bem estabelecido nesse momento. Ficou claro que os tipos de upgrades necessários para o código de base estavam muito além do que era possível na prática. As políticas do Bitcoin estagnariam quaisquer mudanças na rede. Vitalik e sua equipe fundaram a Ethereum Foundation no início de 2014, a fim de angariar fundos para construir um blockchain com uma linguagem de programação construída dentro dele.

O desenvolvimento inicial foi patrocinado por uma venda coletiva pública online durante julho e agosto de 2014. No início, a fundação levantou um recorde de US$18 milhões por meio da venda de sua criptomoeda token chamada ether. Pessoas debatiam fervorosamente se esse tipo de venda coletiva era ilegal, porque poderia representar um valor mobiliário não licenciado.

A zona cinzenta regulatória não impediu o projeto. Na verdade, a natureza vanguardista dele atraiu mais atenção e talentos para a fundação. Desenvolvedores e empreendedores descontentes e desfavorecidos do mundo inteiro juntaram-se ao projeto. A descentralização é vista como a solução perfeita contra autoridades centrais corruptas e opressoras.

* Colored Coin é um método para representar e gerenciar representações de ativos reais em um determinado blockchain.

Os US$18 milhões levantados com a venda do token deram à fundação o capital para contratar uma equipe grande de desenvolvimento para construir o Ethereum. O Ethereum Frontier, o primeiro lançamento da rede Ethereum, foi aberto ao público em julho de 2015. Era uma versão mais barata de lançamento do software, que somente os mais experientes em tecnologia poderiam usar para construir as próprias aplicações.

O Homestead, o atual lançamento do software Ethereum, tornou-se disponível em 2016. É muito mais simples. Quase todo mundo pode utilizar o modelo de aplicação disponível nele, pois ele tem interfaces intuitivas e simples e uma ampla e dedicada comunidade de desenvolvimento.

O Metropolis é o próximo lançamento planejado pelo Ethereum. A principal diferença será que as aplicações serão completamente desenvolvidas e testadas. Ele também conterá aplicações ainda mais fáceis de usar e terá um apelo comercial maior, e mesmo pessoas fora da área da tecnologia se sentirão à vontade ao usá-lo.

O Serenity é a última fase planejada do desenvolvimento do Ethereum. É nela que o Ethereum mudará do consenso proof-of-work (prova de trabalho, em que mineradores competem para criar o próximo block) para um modelo proof-of-stake (prova de participação). Em um modelo proof-of-stake, nós são escolhidos de maneira pseudoaleatória, com a possibilidade de serem selecionados aumentada com base em sua participação na rede. A participação é medida pela quantidade de criptomoedas de que dispõem. A principal vantagem da mudança será a redução do custo de energia vinculado à proof-of-work. Isso pode atrair mais pessoas a gerenciar nós na rede, o que aumentaria a descentralização e elevaria a segurança.

Ethereum: O Computador Mundial de Acesso Aberto

Talvez o Ethereum seja um dos blockchains mais complexos já construídos. Ele tem sua própria *linguagem de programação Turing completa* (uma linguagem de programação de pleno funcionamento que permite aos desenvolvedores construírem qualquer tipo de aplicação). O protocolo do Ethereum pode fazer praticamente tudo que suas linguagens de programação regulares podem, só que ele é construído dentro de um blockchain e tem as vantagens adicionais e a segurança que vêm com isso. Todo projeto de software que você consegue imaginar pode ser construído no Ethereum.

O ecossistema do Ethereum atualmente é o melhor lugar para construir aplicações descentralizadas. Ele tem uma documentação magnífica e interfaces simples para você começar a trabalhar rapidamente. Tempo de desenvolvimento rápido, segurança para pequenas aplicações e habilidade para essas aplicações interagirem com facilidade umas com as outras são características-chave desse sistema.

A linguagem de programação Turing completa é a principal característica que torna o blockchain do Ethereum amplamente mais potente do que o blockchain do Bitcoin para construir novos programas. A linguagem de script do Ethereum torna possíveis coisas como o aplicativo do Twitter em poucas linhas de código, e extremamente seguras.

Contratos inteligentes, como o que você criou no Capítulo 3, também podem ser construídos no Ethereum. O protocolo do Ethereum abriu todo um novo gênero de aplicações. Você pode pegar praticamente qualquer processo de empresas, governos ou organizações e construir uma representação digital dele dentro do Ethereum. Atualmente, a plataforma do Ethereum está sendo explorada para gerenciar *ativos digitais* (uma nova categoria de ativos que vive online e pode representar um ativo inteiramente digital, como um token do Bitcoin, ou uma representação digital de um ativo do mundo real, como commodities de milho), instrumentos financeiros (como títulos hipotecários), propriedade de registro de ativos como terras e organizações autônomas descentralizadas (DAOs); uma nova maneira de organizar uma empresa, uma organização sem fins lucrativos, um governo ou quaisquer outros órgãos que precisem chegar a um acordo e trabalhar juntos por interesses comuns. As DAOs são construídas principalmente na plataforma Ethereum.

Aplicações descentralizadas: Bem-vindo ao futuro

A manifestação mais revolucionária e controversa do Ethereum é a aplicação descentralizada e autônoma (DAPP). DAPPs podem gerenciar coisas como ativos digitais e DAOs.

As DAPPs foram criadas para substituir o gerenciamento centralizado de ativos e organizações. Essa estrutura é muito atraente, porque muitas pessoas acreditam que o poder absoluto corrompe absolutamente. Para aqueles que têm medo de perder o controle, esse tipo de estrutura tem implicações imensas.

O Etheria (`www.etheria.world` — conteúdo em inglês), um jogo como o Minecraft, é um exemplo interessante dessa tecnologia em funcionamento (veja a

Figura 5-1). O jogo não pode ser censurado ou derrubado, e existirá enquanto o Ethereum existir. Quando as coisas são criadas dentro do Ethereum, mesmo que haja um bom motivo para remover uma estrutura ou organização, é praticamente impossível fazê-lo.

O poder de organizações autônomas descentralizadas

DAOs são um tipo de aplicação no Ethereum que representa uma entidade virtual dentro do Ethereum. Quando cria uma DAO, você pode convidar outros para participarem da administração da organização. Os participantes podem permanecer anônimos e nunca se encontrar, o que poderia ativar regras Know Your Customer (KYC) (Conheça seu Cliente; processo pelo qual uma empresa precisa passar para verificar a identidade de seus clientes) e problemas de conformidade antilavagem de dinheiro (AML; leis e regulamentos projetados para interromper a prática de gerar renda através de meios ilegais).

FIGURA 5-1: O primeiro jogo digital imortal do mundo, o Etheria.

As DAOs foram criadas para levantar fundos para investimentos, mas também poderiam ter sido projetadas para propósitos civis ou sem fins lucrativos. O Ethereum lhe dá um quadro básico para governar. Cabe aos organizadores determinar o que está sendo governado. O Ethereum criou modelos para você ajudar na criação das DAOs.

MAIS PODER TRAZ CONSIGO... MAIS PODER

A primeira DAO já construída no Ethereum é chamada, de um modo bastante confuso, "The DAO". É um exemplo de alguns dos perigos que vêm com entidades autônomas e descentralizadas. É o maior projeto de financiamento coletivo do mundo — seus fundadores levantaram aproximadamente US$162 milhões em 26 dias, com mais de 11 mil membros. O que as pessoas pensaram que seria a maior força da The DAO tornou-se sua maior fraqueza. O código imutável da The DAO mantinha gravado o modo como a organização seria governada e como os fundos seriam distribuídos. Isso permitia que os membros se sentissem seguros com seus investimentos. Embora o código tenha sido bem revisado, nem todas as falhas foram trabalhadas.

A primeira ameaça significativa ao Ethereum veio do ataque à The DAO. Um code path inesperado no contrato da The DAO permitia que qualquer usuário avançado sacasse fundos. Um usuário desconhecido conseguiu retirar cerca de US$50 milhões antes que fosse parado.

A comunidade do Ethereum debateu ferozmente sobre se poderia ou deveria reivindicar os ethers. Em termos técnicos, o hacker da The DAO não tinha feito nada de errado, nem mesmo hackeado o sistema. Fundamentalistas da comunidade Ethereum perceberam que o código era lei, e, portanto, nada deveria ser feito para recuperar os fundos.

O que precisamente tornou o Ethereum forte foi também sua maior fraqueza. Descentralização, imutabilidade e autonomia significavam que nenhuma autoridade central poderia decidir com rapidez o que fazer. Também não havia ninguém a quem punir pelo uso indevido do sistema. Não havia, na verdade, nenhuma medida de proteção ao cliente. Era uma nova fronteira, como sugeria o nome para o software.

Depois de passar várias semanas discutindo o problema, a comunidade do Ethereum decidiu encerrar a The DAO e criar um novo Ethereum. Esse processo se chama *hard forking (ramificação).* Quando a comunidade do Ethereum submeteu a rede a um hard forking, ela reverteu a transação que o hacker tinha feito. Criou também dois Ethereums: o Ethereum e o Ethereum Classic.

Nem todo mundo concordou com essa decisão. A comunidade continua a usar o Ethereum Classic. Os tokens para o Ethereum Classic ainda são comercializados, mas perderam um valor significativo de mercado. O novo token do Ethereum ainda não readquiriu sua antiga alta de antes do ataque.

A decisão de fazer hard fork abalou o mundo blockchain. Foi a primeira vez que a maior parte de um projeto blockchain passou por um hard fork para ressarcir um investidor. Isso colocou em dúvida muitos dos princípios que tornaram a tecnologia blockchain tão atraente no início.

A Figura 5-2 mostra uma representação da organização de um aplicativo Ethereum.

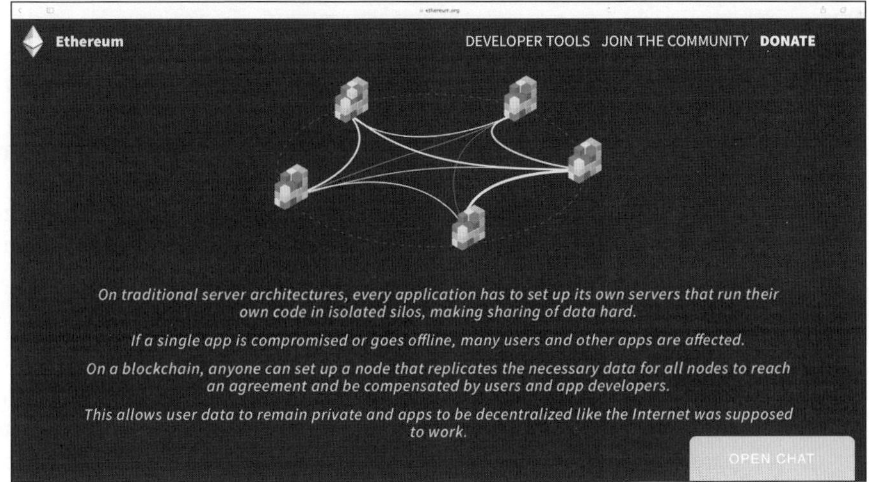

FIGURA 5-2: Representação do aplicativo de blockchain no Ethereum.org.

Aqui está como as DAOs funcionam basicamente:

1. **Um grupo de pessoas redige um contrato inteligente para governar a organização.**
2. **Pessoas adicionam fundos à DAO e recebem tokens que representam propriedade.**

   Essa estrutura funciona mais ou menos como as ações de uma empresa, mas os membros têm o controle dos fundos desde o primeiro dia.

3. **Depois de os fundos serem levantados, a DAO começa a operar, com os membros propondo como gastar o dinheiro.**
4. **Os membros votam nessas propostas.**
5. **Depois que o tempo predeterminado passou e o número de votos se acumulou, a proposta é aprovada ou reprovada.**
6. **Pessoas agem como contratantes a serviço da DAO.**

Ao contrário da maioria dos veículos de investimento tradicionais, em que uma parte central toma decisões sobre investimentos, os membros de uma DAO controlam 100% dos ativos. Eles votam em novos investimentos e outras decisões. Esse tipo de estrutura ameaça substituir gerentes financeiros tradicionais.

DAOs são construídas com um código que não pode ser mudado com rapidez. O apelo disso é que invasores mal-intencionados não conseguem interferir nos fundos de um jeito tradicional. Invasores ainda podem encontrar maneiras de executar o código de modos inesperados e sacar fundos. A natureza imutável de um código DAO torna quase impossível consertar quaisquer falhas, uma vez que a DAO está ativa no Ethereum.

Invadindo um Blockchain

O Ethereum nunca foi invadido. O hard fork de 2016 devido à invasão da The DAO mencionado no box "Mais Poder Traz Consigo... Mais Poder" não foi, na verdade, uma invasão do sistema, mas, confusamente, muitas vezes é denominado invasão. O Ethereum funcionava perfeitamente. O problema é que ele era perfeito demais. Foi necessário reiniciar o sistema quando uma quantidade grande de dinheiro e a maioria dos usuários foram ameaçados.

O único modo de corrigir uma ação em um blockchain como o Ethereum é fazer um *hard fork*, que permite uma mudança na base do protocolo. Um hard fork torna inválidos blocks e transações previamente válidos. O Ethereum fez isso para proteger os fundos que estavam sendo retirados da primeira The DAO por um usuário. Conceitualmente, o ataque à The DAO foi um dos maiores bug bounties** de todos os tempos.

Dito isso, muitas fraudes e tentativas de invasão ocorrem no ambiente das criptomoedas. A maioria desses ataques mirava plataformas de negociação e aplicações centralizados. Muitos invasores queriam roubar criptomoedas. Elas têm valor real e não são protegidas do mesmo modo que o dinheiro comum é protegido por governos. A natureza anônima das criptomoedas também atrai vigaristas. Pegar e perseguir essas pessoas é difícil. Entretanto, a comunidade das criptomoedas está reagindo e criando novos meios de se proteger.

LEMBRE-SE

Invadir um local é significativamente mais fácil e mais barato do que tentar dominar uma rede descentralizada. Quando você lê sobre invasões no mundo blockchain, é como que se somente um site ou uma carteira de criptomoedas tivesse sido invadido, não a rede toda.

Entendendo contratos inteligentes

Contratos inteligentes do Ethereum são como acordos contratuais, exceto por não haver nenhuma parte central para aplicar o contrato. O protocolo do Ethereum "aplica" contratos inteligentes associando pressão econômica. Eles também podem aplicar a implementação de um requerimento se ele estiver ativo dentro do Ethereum, porque o Ethereum consegue provar se certas condições foram atendidas ou não. Se ele não estiver ativo dentro do Ethereum, é muito mais difícil de aplicá-lo.

** Bug bounty é uma recompensa dada por empresa ou entidades a hackers que descobrem falhas em seus sitemas, como forma de prevenção a ataques reais.

Contratos inteligentes do Ethereum ainda não são aplicáveis legalmente, e talvez nunca sejam, porque a visão é a de que você não precisa de autoridades externas aplicando acordos. Sistemas legais são controlados por governos. Até o momento, governos são autoridades centrais — alguns com mais ou com menos aval e princípios democráticos. Dentro de um contrato inteligente do Ethereum, cada participante tem um voto inalienável.

Contratos inteligentes do Ethereum não incluem inteligência artificial. Essa é uma possibilidade interessante no futuro próximo. Mas, por ora, o Ethereum é somente um código de software que roda em um blockchain.

Contratos inteligentes do Ethereum não são seguros. A invasão da The DAO é um ótimo exemplo dos tipos de perigos que podem ocorrer. Ainda é cedo, e colocar muito dinheiro em um sistema não comprovado não é sensato. Em vez disso, experimente com pequenas quantidades até que todas as falhas tenham sido excluídas de novos contratos.

Descobrindo a criptomoeda ether

Ether é o nome da criptomoeda do blockchain Ethereum. Ela recebeu o nome da substância que, acreditava-se, permeava todo o espaço e tornava o Universo possível. Nesse sentido, o ether é a substância que torna o Ethereum possível. O Ether incentiva a rede a se proteger por meio de mineração proof-of-work, assim como o token bitcoin incentiva a rede Bitcoin. O ether é necessário para executar qualquer código dentro do Ethereum. Quando utilizado para executar um contrato no Ethereum, o ether é denominado *gas*.

Executar o código dentro de um contrato inteligente também custa uma quantia de ethers. Essa característica dá ao token utilidade extra. Enquanto pessoas quiserem usar o Ethereum para aplicações e contratos, o ether terá um valor além da especulação.

O crescimento frenético do valor do ether fez dele um token popular para se especular. Ele é amplamente comercializado em plataformas de negociação no mundo todo. Alguns fundos especulativos novos estão considerando-o um veículo de investimento. No entanto, a natureza volátil e o baixo volume e tamanho de mercado de mercado fazem do ether um investimento de risco.

Iniciando-se no Ethereum

Nesta seção passo a você instruções sobre como se iniciar no ecossistema do blockchain do Ethereum. Antes de conseguir construir qualquer coisa no Ethereum, você precisa de uma carteira Ethereum.

Sua carteira guardará seus tokens no Ethereum, chamados *ether*. Ether é a criptomoeda que lhe permite criar contratos inteligentes dentro do Ethereum. Às vezes ela é chamada de *gas*.

Baixar a carteira Ethereum pode levar algum tempo, mas a interface é muito intuitiva, e as instruções disponibilizadas ao longo do processo são fáceis de seguir.

Dentro da carteira Ethereum, você pode obter ethers de teste para construir contratos e organizações de teste. Você não precisa minerar ethers para aprender como funcionam.

Minerando ether

O funcionamento do Ethereum é mantido por uma rede de computadores no mundo todo, que está processando os contratos e protegendo a rede. Esses computadores, por vezes, são chamados de *nós* e estão minerando a criptomoeda ether.

A fim de recompensar pessoas pelo tempo e custo envolvidos na mineração, há um prêmio de três ethers a cada 12 segundos, em média. O prêmio é dado ao nó que foi capaz de criar o último block no blockchain do Ethereum.

Todos os blocks novos têm uma lista das últimas transações. O algoritmo de consenso proof-of-work garante que os prêmios sejam ganhos com mais frequência pelos nós com maior potência computacional. Computadores que não são tão potentes podem ganhar também — só leva mais tempo. Se quer tentar minerar ether, você pode fazer isso com seu computador de casa, mas levará muito tempo para minerar com sucesso um block e ganhar ethers.

Minerar ethers não é para novatos na tecnologia. Você precisa estar familiarizado com a linha de comando. Se você não faz ideia do que é uma linha de comando, provavelmente vai querer pular esse processo. Do mesmo modo, certifique-se de seguir as instruções mais atualizadas no Ethereum GitHub (`http://github.com/ethereum` — conteúdo em inglês).

Configurando sua carteira Ethereum

Para configurar sua carteira Ethereum, siga estes passos:

1. **Vá para** `www.ethereum.org`.
2. **Clique no botão Download.**

   Você precisa rolar a página um pouco para baixo para encontrar o botão.

   DICA

   Certifique-se de salvar o download da carteira Ethereum em algum lugar que você consiga achar depois.

3. **Abra a carteira Ethereum.**

4. **Clique em Use Test Net (Usar Rede de Teste).**

   Aqui você se prepara para minerar ethers de teste. Esse processo consome muito menos tempo que minerar ethers de verdade, mas, ainda assim, leva algum tempo.

5. **Crie uma senha forte.**

   Não se esqueça de salvar sua senha em algum lugar seguro.

6. **Clique no menu iniciar.**

   A equipe Ethereum tem alguns tutoriais interessantes para rever enquanto espera baixar a rede de testes. O download pode levar dez minutos ou mais.

7. **Escolha Develop (Desenvolver) ➪ Start Mining (Iniciar Mineração).**

   Não pule esse passo. Você precisa de ethers para projetos posteriores.

Você acaba de configurar sua carteira e está ganhando ethers de teste para seus futuros projetos de contratos inteligentes.

Construindo Sua Primeira Organização Autônoma Descentralizada

No futuro, as DAOs mudarão a maneira como o mundo faz negócios. Elas permitem que qualquer pessoa no mundo crie um novo tipo de empresa online regida por regras predefinidas, que depois são aplicadas por intermédio da rede blockchain. Criar uma DAO é mais fácil do que se pensa. Nesta seção você constrói sua primeira DAO de teste. Dividi esse projeto em três seções: construção, congresso e governo.

LEMBRE-SE

Para finalizar com sucesso sua DAO de teste, você precisa ter configurado sua carteira Ethereum e feito alguma mineração na rede de testes do Ethereum (veja a seção anterior).

Siga estes passos para criar sua primeira DAO de teste:

1. **Vá para** `www.ethereum.org/dao`**.**

2. **Role a página para baixo até o box Code (mostrado na Figura 5-3) e copie o código.**

3. **Abra a carteira Ethereum que você fez anteriormente.**

   Você elaborará sua DAO em sua carteira Ethereum.

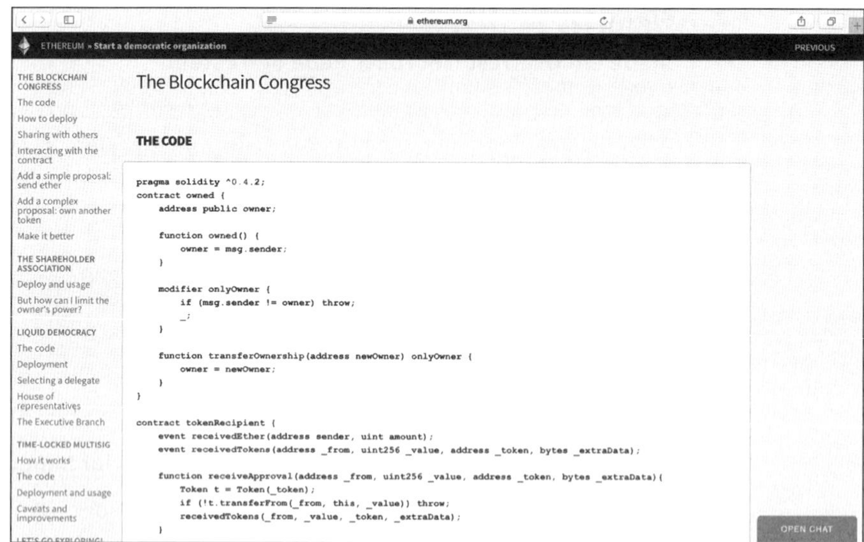

FIGURA 5-3: O box Code.

Rede de testes e congresso

A próxima fase de seu projeto DAO é configurar a estrutura para sua DAO. Siga estes passos:

1. **Em sua carteira Ethereum, escolha Develop (Desenvolver) ➪ Network (Rede) ➪ Test Net (Rede de Testes).**
2. **Clique na aba Contracts (Contratos), e então clique em Deploy Contract (Implantar Contrato).**

   A equipe Ethereum configurou alguns modelos de teste para DAOs.

3. **Cole no box de código Solidity o código que você copiou na seção anterior.**
4. **Do Contract Picker, escolha Congress (Congresso).**
5. **Escolha algumas variáveis quando solicitado.**

   Aqui estão suas opções:

   - O *quórum mínimo* para propostas é a menor quantidade de votos que uma proposta precisa ter antes que possa ser executada.
   - O *minutos para debate* é a menor quantidade de tempo, em minutos, que precisa passar antes que ela seja executada.
   - A *margem de votos* para uma maioria. Propostas passam se há mais de 50% dos votos mais a margem. Deixe em 0 para a maioria simples.

Governo e voto

Agora você nomeará e configurará o governo de sua DAO. Você precisa configurar um *quórum mínimo* para propostas (quantos votos uma nova proposta precisa ter antes de passar). Você também configura a *margem de votos para uma maioria* (de quantos votos um plano precisa para passar) e o tempo estipulado para discutir novos planos.

1. **Dê um nome à sua nova DAO.**

   É quase como dar nome a uma empresa.

2. **Para Debate Times (Tempos de Debate), selecione 5 minutos.**

   Esse é o tempo em que novas propostas ficam abertas para conversa.

3. **Deixe a Magin of Votes for Majority (Margem de Votos para a Maioria) em 0.**

   Isso configura o funcionamento da democracia de seu contrato.

4. **Confirme o preço da DAO.**

   Você minerou alguns ethers na rede de testes por meio de sua carteira ao configurá-la pela primeira vez. Se pulou esse passo, volte e faça isso agora. Você só precisa de um pouco de ethers da rede de testes para construir sua DAO.

5. **Clique em Deploy (Implementar) e digite sua senha.**

   Talvez leve algum tempo para implementar a DAO. Quando você chegar ao seu novo painel, role para baixo, e conseguirá ver sua DAO sendo produzida.

6. **Clique no ícone New (Novo).**

   Um novo ícone único que represente sua DAO será gerado.

Parabéns! Você criou sua primeira DAO.

Desvendando o Futuro das DAOs

Contratos inteligentes e organizações descentralizadas contêm muita promessa. A natureza puramente democrática e ultrarracional deles é muito atraente. No entanto, a essa altura, há mais possibilidades que certezas, e cada contrato criado poderia ser inovador ou um enorme fiasco.

Se você abordar o Ethereum como a nova fronteira que ele é, terá mais sucesso. A rede Ethereum tem mais vantagens que desvantagens, se você for cuidadoso. Mas esperar que tudo funcione de um jeito impecável e que todos os participantes ajam com integridade vai deixá-lo aberto a perdas maiores. O Ethereum tem sua cota de vigaristas, para não mencionar aqueles entusiastas amigáveis que gostariam que você fizesse sucesso.

Os ataques de contratos inteligentes de 2016 evidenciaram a importância da segurança e da revisão adequada de contratos. Eles também mostraram que há pessoas íntegras lá, que lutam para corrigir problemas.

Ler este livro é só o começo. Ele lhe dará boas bases para construir seu conhecimento do Ethereum, mas, assim como em todas as novas tecnologias, o Ethereum está evoluindo rapidamente. Continue revendo as melhores práticas e medidas de segurança.

Nas seções a seguir menciono algumas coisas para se ter em mente ao construir suas primeiras DAOs, construir contratos inteligentes e depurar seus novos sistemas blockchain.

Colocando dinheiro em uma DAO

Não confie grandes somas de dinheiro a contratos não testados e a contratos que não foram totalmente avaliados. Contratos grandes são mais visados por invasores. A invasão da The DAO descrito anteriormente neste capítulo (veja o box "Mais poder traz consigo... mais poder") mostrou que mesmo os contratos bem planejados têm fraquezas inesperadas.

Embora contratos inteligentes e blockchains permitam que você faça negócios com qualquer um no mundo, ainda está no começo. Você pode mitigar o risco trabalhando somente com partes conhecidas e confiáveis.

O cenário da segurança estará constantemente evoluindo com novas falhas. Rever todas as novas melhores práticas é fundamental. Gerencie a quantidade de dinheiro que você está colocando em risco e lance contratos devagar e em fases. O Ethereum é uma tecnologia nova, e soluções avançadas ainda não foram construídas.

Construindo contratos inteligentes mais inteligentes

Programar contratos inteligentes requer uma lógica diferente da redação-padrão de contratos. Não há terceiros para acertar as coisas se o contrato for executado de um modo que você não esperava ou pretendia. A natureza imutável e distribuída dos blockchains torna difícil mudar um resultado não desejado.

Seu contrato terá lacunas e pode falhar. Estabeleça válvulas de segurança em seus contratos para conseguir reagir a erros e vulnerabilidades conforme surgem. Contratos inteligentes também precisam de um interruptor que permita que você o puxe da tomada e pause seu contrato quando as coisas estão dando errado.

DICA

Se seu contrato for grande o bastante, ofereça prêmios de caça a erros que incentivem a comunidade a encontrar vulnerabilidades e falhas nele.

Assim como em várias coisas, a complexidade de seu contrato também aumenta as chances de erro e os vetores de ataque. Mantenha a lógica de seu contrato simples. Elabore pequenos módulos que sustentem cada seção do contrato. Criar um contrato dessa maneira vai ajudá-lo a segmentar quaisquer questões.

Encontrando erros no sistema

Não reinvente a roda construindo suas próprias ferramentas, como geradores de números aleatórios. Em vez disso, impulsione o trabalho que a comunidade já fez e que já foi testado.

CUIDADO

Você só pode controlar as coisas dentro de seu próprio contrato. Cuidado com chamadas de contrato externas. Elas podem executar um código mal-intencionado e remover seu controle.

A comunidade Ethereum tem uma excelente lista de erros conhecidos e dicas ainda mais úteis sobre como construir contratos inteligentes seguros em sua página do GitHub, em `https://github.com/ethereum/wiki/wiki/safety` (conteúdo em inglês).

NESTE CAPÍTULO

» Examinando as origens do blockchain do Ripple

» Conhecendo o blockchain do Ripple

» Explorando a rede do Ripple

Capítulo 6

Considerando o Blockchain do Ripple

O Ripple é um dos blockchains mais interessantes para movimentar e comercializar valores em nível global. O protocolo do Ripple permite a fungibilidade de qualquer tipo de ativo — inclusive entre dois ativos distintos e em mercados não líquidos. Ele faz tudo isso por um custo extremamente baixo, com segurança excepcionalmente alta e em tempo recorde. A infraestrutura Ripple está sendo implementada como a estrutura dos setores bancário e comercial.

Este capítulo examina as nuances importantes da tecnologia por trás do blockchain do Ripple. Aqui eu explico o ponto mais distinto de como o Ripple está revolucionando mundialmente o setor bancário e as fintechs. Também deixo você por dentro de usos práticos do blockchain do Ripple e das dicas específicas de segurança para trabalhar com o protocolo do Ripple.

Aqui você será preparado para comercializar muitos tipos de valores diferentes em nível mundial. Você descobrirá por que essa tecnologia é importante para seu setor e como começar a usar hoje o protocolo do Ripple. Você também descobrirá como configurar uma conta que comercialize no protocolo do Ripple e fraudes a evitar ao operar nesse ecossistema.

Se você não está procurando por uma solução em larga escala para uma corporação que é isenta ou pode obter uma licença bancária, talvez queira pular este capítulo, porque o Ripple serve, essencialmente, a instituições financeiras.

Uma Breve História do Blockchain do Ripple

O projeto Ripple é mais antigo que o Bitcoin. Ele passou por várias iterações, mas a implementação original foi criada pelo desenvolvedor canadense Ryan Fugger, em 2004. A primeira iteração de Fugger foi um sistema monetário descentralizado que permitia que pessoas e comunidades configurassem seu próprio dinheiro.

Jed McCaleb, Arthur Britto e David Schwartz posteriormente contribuíram com o trabalho de Ryan, através de uma companhia chamada OpenCoin. O trabalho deles ajudou a agregar mais aspectos com cara de blockchain, como um sistema monetário digital no qual cadeias de transações são publicadas por consenso entre membros da rede.

Chris Larsen, primeiro presidente executivo do Ripple, foi fundador de várias empresas, inclusive a E-Loan e a Prosper, ambas organizações conflituosas que mudaram o mercado de crédito consumidor. Ele entrou no Ripple em agosto de 2012 e o liderou até 2016.

Desde então, o Ripple atingiu o tamanho de uma grande startup financiada por capital de risco. Ele tem o respaldo de alguns dos maiores nomes do mundo investidor, como Google Ventures e Andreessen Horowitz, somente para citar alguns. A partir de 2016, o Ripple levantou mais de US$93 milhões em financiamento de risco. O Ripple também é ativo politicamente, e integra o Faster Payments Task Force Steering Committee (Comitê de Direção da Força-Tarefa para Pagamentos mais Rápidos) e copreside o Web Payments Working Group (Grupo de Trabalhos de Pagamento na Web) da W3C. Ele tem escritórios em São Francisco, Nova York, Londres, Luxemburgo e Sydney. Muitos da equipe fundadora deixaram o Ripple desde então e começaram novos projetos.

O Ripple causou muitos conflitos no setor bancário e tem visto uma resistência substancial a suas iniciativas. Em 2015, a FinCEN multou o Ripple em US$700 mil por violações do Secrecy Act. A multa foi pela venda de XRP a Roger Ver, um conhecido investidor em bitcoins, e pela falha em registrar um relatório de atividades suspeitas, porque Ver tinha uma condenação criminal por vender fogos de artifício no eBay. Depois da multa, o Banco DBS e o Oversea-Chinese Banking Corporation Limited começaram a recusar serviços bancários para o Ripple Singapura. Acreditava-se que isso aconteceu porque esses bancos perceberam que emitir ativos em blockchains lhes oferecia mais riscos regulatórios do que recompensa. Desde então, o Ripple mudou seu foco, servindo principalmente a bancos mundiais e regionais.

Hoje o Ripple é uma solução mundial em acordos financeiros que permite que bancos e consumidores troquem valores. Semelhante ao Bitcoin, o protocolo do Ripple baixa o custo total do acordo, permitindo aos usuários fazer transações direta e instantaneamente. Ele é construído em um protocolo de internet aberto e distribuído, usa um blockchain e tem uma moeda nativa chamada *ripples.*

A tecnologia financeira distribuída do Ripple permite que usuários enviem pagamentos internacionais em tempo real através de sua rede. Usando o Ripple, mercados internacionais podem suprir demandas de serviços de pagamento mundiais rápidos, de baixo custo e sob demanda.

O Ripple é eficaz sobretudo em pagamentos internacionais e troca de valores entre dois negócios distintos. O Ripple criou uma rede mundial de instituições financeiras, criadores de mercado e consumidores. Agora você pode trocar quase qualquer tipo de valor em todo lugar do mundo e instantaneamente. O Ripple é a nova base para a *internet do valor.* A ideia por trás da internet do valor é que valores como dinheiro, carros, terras e commodities podem residir e ser comercializados totalmente online e sem intermediários que facilitem o processo. Protocolos como o do Ripple facilitam a comercialização e suprem o papel do intermediário.

Ripple: Tudo se Resume a Confiança

O Ripple é uma rede de trocas e uma plataforma de comercialização com retaguarda blockchain. Instituições usam o protocolo para compensar transações através do livro-razão distribuído do Ripple. Elas também podem liquidar obrigações através de plataformas de distribuição de fundos do Ripple.

Há duas maneiras principais para interagir na rede Ripple:

- Os usuários financeiros do sistema participam da rede emitindo, aceitando e comercializando ativos para facilitar pagamentos.
- Os operadores dos nós participam da rede supervisionando transações e chegando a um consenso sobre a validade e o ordenamento dessas transações com os outros nós na rede.

DICA

Os termos *nó* e *computador* muitas vezes são usados de maneira intercambiável. Ambos os termos designam as máquinas e o código usados para gerenciar a rede.

Um participante financeiro precisa confiar nos emitentes dos ativos que detém, e um operador de nó precisa confiar que os outros nós em sua lista de validadores não entrarão em conflito e impedirão que transações válidas sejam confirmadas. Tudo se resume a confiança e incentivos articulados de cooperação.

A rede Ripple encontra um caminho de confiança para trocar todos os tipos diferentes de valores dentro de sua rede distribuída. A criptomoeda para o Ripple, XRP, é usada para facilitar a comercialização entre objetos de valor distintos que têm baixo volume de comercialização ou nenhum caminho confiável. Entre os nós, a rede e o participante financeiro, o Ripple construiu a infraestrutura básica que otimiza o processo moderno de pagamento e plataformas de negociação no mundo todo.

Nesta seção abranjo as principais funções que o protocolo do Ripple viabiliza para o setor bancário.

Há duas funções cruciais que a rede Ripple oferece:

- **Ela age como um livro-razão comum para conectar bancos e redes de pagamento.** Isso permite que bancos e redes de pagamento liberem transações em cinco segundos. Também proporciona aos usuários conectividade constante entre si e tem monitoramento contínuo do fluxo de transações pela rede.
- **Ela age como um protocolo neutro de transações.** O Ripple transfere valores de modo bilateral para o mesmo tipo de valor. Para transações entre outras moedas, o Ripple extrai fundos de seu mercado de prestadores de liquidez. Isso é muito importante, porque liquidez é um problema grave para muitos setores.

Os bancos estão muito empolgados com esse tecnologia, porque ela permite que eles se afastem de intermediários e câmaras de compensação e migrem para um sistema mais rápido, mais barato e menos arriscado. Os bancos aceleraram radicalmente o processo de pagamentos internacionais, eliminando a necessidade de papel e intermediários.

O Ripple também ajuda os bancos a reduzir riscos e cortar custos de operações de câmbio, permitindo-lhes fazer transações diretamente com outros bancos em nível mundial e extraindo liquidez de terceiros do mercado aberto do Ripple.

As principais vantagens que o Ripple oferece são as seguintes:

- Pagamentos em tempo real.
- Rastreabilidade abrangente de transações.
- Conciliação quase instantânea.
- Capacidade de converter quase todo tipo de moeda, commodity ou token.

Verificando como o Ripple Difere de Outros Blockchains

O Ripple, como o Bitcoin, é um software neutro e descentralizado. Quase todo o mundo pode usar o Ripple como um padrão aberto para facilitar a conectividade e a interoperabilidade.

O Ripple difere consideravelmente do Bitcoin em sua estrutura e na maneira como a rede opera. O Ripple está encontrando a rota de câmbio mais eficiente, estruturando transações, como débitos, e usando sua criptomoeda como mecanismo de câmbio entre os tipos diferentes de valor que são comercializados na rede Ripple.

O Ripple se resume em confiança, enquanto outros blockchains, em sua maior parte, têm a ver com sistemas que não exigem confiança entre as partes. No Bitcoin, quaisquer duas partes podem enviar tokens bitcoin umas às outras, e então a rede valida que ninguém está trapaceando nessa transação. Parte do modo como o Bitcoin equilibra cada bloco de transações é verificar, a fim de ter certeza, que todos os tokens envolvidos foram gastos apenas uma vez.

Outra diferença significativa é que o Ripple não usa consenso proof-of-work. A equipe Ripple eliminou a imensa sobrecarga de energia necessária à proteção da maioria dos blockchains. Ao fazer isso, o Ripple usa consideravelmente menos eletricidade e é mais rápido que blockchains tradicionais. Você pode se aprofundar na maneira como o Ripple funciona verificando o whitepaper em `https://ripple.com/files/ripple_consensus_whitepaper.pdf` (conteúdo em inglês).

O Ripple funciona de um jeito muito diferente de outros blockchains. Uma das diferenças mais notáveis é como a rede é descentralizada e chega a um consenso. A natureza da descentralização no Ripple é sutil. Um nó pode colocar quaisquer outros nós que quiser em sua lista validadora, a fim de ouvir quais transações esses nós querem confirmar. A única exigência é a de que haja sobreposição suficiente entre as listas validadoras de cada nó, para que a rede não chegue acidentalmente a múltiplos consensos diferentes.

O Ripple gerencia isso mantendo cada nó com sua própria lista validadora, incluindo os próprios nós do Ripple. Isso assegura que haja sobreposição suficiente. À medida que a rede de um nó cresce, sua lista vai incluir mais e mais validadores provenientes de instituições conhecidas, confiáveis e independentes ao redor do mundo. Com o tempo, o processo de consenso do Ripple vai se tornar cada vez mais descentralizado.

Além da maneira como a descentralização e o consenso funcionam no Ripple, aqui estão outras diferenças importantes entre o Ripple e o Bitcoin:

- **O Ripple está no meio.** O Ripple é um software que age como um middleware entre produtos financeiros e instituições. Se você está planejando usar a rede Ripple, é provável que precisará ser um fornecedor de serviços monetários licenciado ou um operador monetário móvel.

  O protocolo Bitcoin está aberto para qualquer um(a) utilizá-lo da maneira que considerar oportuna. A regulamentação pode mudar, mas, no momento, você não precisa ser licenciado para usar o Bitcoin.

  Qualquer desenvolvedor pode se iniciar no Ripple, mas usar o software Ripple pode ser ilegal se você não tem licença para isso. Esse é um dos motivos por que o Ripple mira instituições financeiras grandes como usuários. O Bitcoin pode ser usado por todos, e é útil sobretudo para transações pequenas.
- **O Ripple tem como base um algoritmo de consenso, em vez de mineração.** Ele usa votação probabilística entre nós confiáveis. Esse tipo de consenso permite que os nós cheguem a um acordo e confirmem transações em cinco segundos. Com o Bitcoin, uma transação pode levar horas.
- **Ativos dentro do Ripple, com exceção do XRP (o token nativo do Ripple), existem como débitos.** Por outro lado, o Bitcoin responde somente pela transferência do token bitcoin entre endereços Bitcoin. Mercados externos avaliam o valor do token bitcoin.
- **O suprimento do XRP está fixado em 100 bilhões, e o Ripple controlou e criou todas as 100 bilhões de unidades XRP no início da rede.** Depois eles distribuíram os XRP a proprietários da empresa e a outros.

  O Bitcoin cria novos tokens bitcoin sempre que cria um novo block. Os tokens novos são concedidos aos nós que ganham os blocks durante consenso. Com o tempo, o suprimento aumenta. Em termos algorítmicos, o Bitcoin está configurado para parar de fazer novos bitcoins quando atingir 21 milhões.
- **O Ripple se protege de spam e ataques denial-of-service (negação de serviço), exigindo um custo mínimo de transação.** A taxa-padrão de transação é 0.00001 XRP, denominada dez drops.

  O protocolo do Ripple aumentará o número de drops exigidos se forem verificados volumes transacionais maiores que o normal. Isso é semelhante à maneira como o Bitcoin se protege de spam, mas não há taxa mínima. Mineradores de bitcoins provavelmente ignorarão sua transação, e ela não será confirmada sem incluir uma taxa.
- **O XRP não precisa de um "caminho confiável" para ser comercializado.** Por conta disso, ele facilita a comercialização quando não há nenhum caminho entre duas partes. Você precisará fazer uma troca de XRP no meio para facilitar a comercialização com partes não confiáveis ou mercados de baixa liquidez.

Por outro lado, o Bitcoin é um sistema no qual terceiros não precisam confiar uns nos outros. Ele permite que quaisquer duas partes comercializem, mesmo se elas não se conhecerem ou não confiarem uma na outra — mas a comercialização é limitada ao token bitcoin. Essa característica extra no Ripple permite aos usuários trocar quase tudo.

» **O Ripple escolhe os nós usados para proteger seu sistema de consenso para sua rede.** Não é tão aberto como o Bitcoin, em que qualquer um pode participar integralmente na rede. Isso quer dizer que o Ripple, de algum modo, é centralizado, mas com o tempo ele se tornará mais descentralizado.

Liberando Todo o Poder do Ripple

O Ripple parou de abrir contas de carteira para novos consumidores no Ripple Trade, seu portal voltado para o consumidor. Em sua maioria, o Ripple também derrubou todos os seus produtos voltados para o consumidor. A carga regulamentar de manutenção de consumidores era alta demais, e foi elucidada pelo parecer da Rede de Combate a Crimes Financeiros (FinCEN) relativo à necessidade de participantes da arena virtual de moedas se registrarem como empresas de serviços monetários sob lei federal norte-americana.

O aumento na rede do portal voltado para o consumidor não rivalizaria com o crescimento na rede bancária para o Ripple. Desde já, o Ripple está focando seus esforços em grandes empresas como clientes. Bancos são os que realmente precisam do que o Ripple pode oferecer em uma escala que seja rentável para eles.

Como consumidor, você pode acessar o Ripple por meio de terceiros. A carteira que o Ripple menciona é a GateHub.

A carteira GateHub armazena todas as suas moedas diferentes, permite que você envie dinheiro, e permite que você comercialize ouro, prata, XRP e bitcoin na rede Ripple diretamente de sua carteira. Ela também lhe mostra o valor de rede de suas diferentes moedas à medida que elas variam no mercado.

A GateHub pedirá a você que se identifique, e configurar sua conta levará algum tempo. Quando sua conta estiver concluída, você conseguirá explorar o poder da rede Ripple.

Siga estes passos para começar na GateHub:

1. **Vá para** `www.gatehub.net` (conteúdo em inglês).
2. **Clique em Sign Up (Cadastre-se).**
3. **Insira seu endereço de e-mail e uma senha, e clique em Sign Up.**

4. **Salve sua chave de recuperação em um local seguro.**
5. **Verifique seu e-mail.**
6. **Verifique sua identidade.**

   A GateHub verifica sua identidade e pede seu número de telefone, um nome, uma foto e documentos de apoio.

   Depois que fornecer suas informações pessoais, a GateHub liberará sua conta e você estará pronto para comercializar no protocolo do Ripple.

   Nesse momento, você pode enviar fundos de suas carteiras Bitcoin à sua nova conta.

Se quiser construir qualquer coisa no Ripple, você precisará ser programador ou, pelo menos, ter acesso a um. O Ripple tem uma ótima documentação e uma equipe de apoio para você começar.

O Ripple é feito para movimentar dinheiro mais rápido e mais barato. Essa área da economia é altamente regulamentada. O Ripple afirma de maneira clara que é somente o software que lhe permite executar essas tarefas. Depende totalmente de você compreender e cumprir as normas.

Se ainda estiver interessado em construir um projeto personalizado na rede Ripple, eles lhe oferecerão suporte. A melhor maneira de começar é indo diretamente à página de construção do Ripple (`https://ripple.com/build/`). Se quiser se aprofundar ainda mais na rede Ripple, verifique sua GitHub em `https://github.com/ripple` (conteúdo em inglês).

Exercitando a Precaução com o Ripple

O Ripple, como outros blockchains que funcionam por meio de criptomoedas, tem muitos perigos. Use de bom senso ao trabalhar no mundo das criptomoedas e siga todas as outras boas práticas de segurança descritas neste livro. Ele é realmente o novo faroeste, cheio de oportunidades e risco.

Aqui estão alguns riscos específicos do Ripple:

- **Comercialização antiética:** Conforme descrito anteriormente, o Ripple foi criado para movimentar valores pelo mundo de modo mais barato e rápido que qualquer outra rede. A estrutura do Ripple funciona com grupos de mercados. Esses mercados têm nós confiáveis que confirmam juntos as transações. Por vezes, há pequenas diferenças de preço entre esses grupos, e essas diferenças de preço atraem comercialização antiética.

» **Manipulação da transação:** A rede Ripple, em particular, é suscetível à *arbitragem* (compra e venda simultânea de ativos em diferentes mercados para tirar vantagem de preços diferentes do mesmo ativo), porque tem muitas moedas e mercados múltiplos e programadores espertos que podem manipular a ordem das transações. As duas formas conhecidas desse procedimento no Ripple são as seguintes:

- **Arbitragem vantajosa no posicionamento da transação:** Tirar vantagem de uma diferença de preço entre mercados múltiplos antes de o livro-razão fechar. O livro-razão fecha a cada cinco segundos. Então negociantes usam bots arbitrários para explorar o mercado. Esses bots atacam uma combinação de acordos compatíveis que capitalizam nas pequenas desproporções entre os mercados e também empurram as próprias transações para uma posição ideal dentro do livro-razão. Os negociantes, então, lucram ao assumir a diferença de preço desses mercados.
- **Front running de grandes negócios:** A estrutura e a latência no consenso do Ripple expõem a rede a um novo tipo de front running de grandes negócios. É possível fazer isso porque cada nó na rede divulga transações a outros nós confiáveis. Durante esse tempo, bots estarão monitorando todas as transações em busca de oportunidades para saltar na frente de grandes negócios.

  O bot comprará ofertas iniciais para atender à aquisição elevada, e então fará uma venda casada delas ao proprietário original. Ao mesmo tempo, os bots também reporão as transações dentro do livro-razão para permitir que isso aconteça. O resultado líquido dessa atitude é que o proprietário original receberá menos valores na comercialização.

DICA

Você pode saber mais sobre essa vulnerabilidade em `http://availableimagination.com/exploiting-ripple-transaction-ordering-for-fun-and-profit/` (conteúdo em inglês).

O Ripple é excelente em manter exploits fora da própria rede e tem uma oferta em aberto para programadores ganharem dinheiro caçando erros, exploits e vulnerabilidades. É altamente provável que esses dois erros sejam reparados em um futuro próximo.

NESTE CAPÍTULO

» Fazendo entradas no Factom

» Aprofundando-se na estrutura de cadeia

» Revelando a identidade do blockchain

» Vendo o Factom em uso

Capítulo 7

Encontrando o Blockchain do Factom

O blockchain do Factom é uma ferramenta poderosa que beneficiará a tecnologia blockchain em escala industrial. Ele é diferente de outros blockchains públicos e tem características particulares que o tornam ideal para publicar fluxo de dados e sistemas de segurança. O blockchain do Factom também tem uma corporação por trás dele — Factom, Inc. —, que encabeça seu desenvolvimento e constrói ferramentas e produtos no seu protocolo.

O software Factom está sendo construído em sistemas que governam a identidade e a segurança de pessoas e de coisas. Eles estão integrando e transpondo outros blockchains e também a tecnologia blockchain. A ligação entre blockchains aperfeiçoa a segurança do Factom e torna os outros blockchains mais interoperáveis.

Este capítulo explica como o Factom funciona, deixa você por dentro de suas características particulares e fornece instruções fáceis de seguir, que o ajudarão a começar a usá-lo. Depois de ler este capítulo, você entenderá todos os conceitos principais da tecnologia do blockchain Factom e saberá que valor ele agregará a seus projetos de blockchain.

Talvez agora seja o momento para mencionar que sou cofundadora e diretora de marketing da Factom, Inc. Embora minha meta seja a objetividade, meu entusiasmo pelo Factom é difícil de esconder.

Uma Questão de Confiança

Blockchains têm como base permitir que entidades diferentes cooperem e colaborem sem a necessidade de confiar na segurança dos dados uma da outra ou em processos comerciais. Historicamente, intermediários de confiança ou conglomerados industriais permitiram que isso acontecesse, mas eles têm custos elevados demais e apenas mudam a confiança para uma parte diferente. Blockchains mudam a confiança para uma rede de terceiros sem emoções e, em última análise, matemática.

A Factom, Inc. é uma empresa que constrói softwares blockchain sobre o blockchain Factom de livre acesso. O software de manutenção de registros da Factom trabalha em alto nível, publicando dados criptografados ou uma impressão digital criptograficamente particular desses dados para o blockchain do Factom (mostrado na Figura 7-1). São tomadas medidas adicionais para assegurar a rede, publicando-se um hash de todo o blockchain do Factom a cada dez minutos em muitos outros blockchains públicos. Essa característica adicional de publicação torna o Factom diferente da maioria dos blockchains públicos.

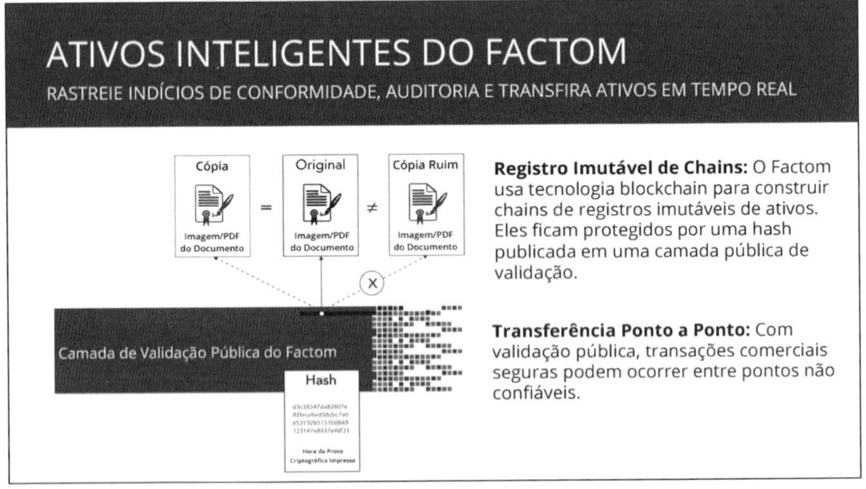

FIGURA 7-1: Estrutura do blockchain do Factom.

Imagem cedida pela Factom, Inc.

O conceito do protocolo foi apresentado como um whitepaper em 2014, diante das questões de escalabilidade do Bitcoin. Conforme aplicações descentralizadas começaram a proteger a si mesmas no Bitcoin, ficou claro que inserir dados no blockchain do Bitcoin era inviavelmente caro em escala, e o Bitcoin não era capaz de lidar com volumes altos de transações. Metaforicamente, não havia meios de colocar quatro quilos de dados em uma sacola de bitcoins de dois quilos.

O protocolo do Factom foi elaborado devido ao custo e às limitações de volume de outros blockchains. O objetivo principal era proteger dados e sistemas. Por conta desse objetivo, muitas vezes o Factom é descrito como um *mecanismo de publicação*. Ele permite que usuários escrevam dados em seu livro-razão por uma pequena taxa. Essas entradas são limitadas a 10 kibibytes, e têm custo fixo mais barato e maior capacidade de volume de transações por uma ordem de grandeza comparada a outros blockchains que usam proof-of-work.

Um conceito importante a se compreender é que o blockchain do Factom está construído em camadas e cadeias. As camadas têm a ver com a maneira como os dados são estruturados. Elas usam árvores de Merkle para deixar uma prova criptográfica de que quaisquer dados determinados foram publicados dentro do Factom. A prova criptográfica, denominada *raiz de Merkle* (32 caracteres aleatórios que podem representar uma árvore completa de dados individuais) é então publicada em outros blockchains públicos, como o Ethereum. Isso é segurança redundante, que outros blockchains não oferecem.

PAPO DE ESPECIALISTA

Uma árvore de Merkle é uma árvore matemática construída por dados emparelhados em hash e que, depois, emparelha e hasheia os resultados até que reste somente um hash, conhecido como raiz de Merkle. Essa prova criptográfica recebeu o nome de Ralph Merkle, em 1979.

Organizar dados em cadeias ajuda a escalabilidade. Cadeias permitem que aplicações extraiam do blockchain do Factom somente os dados pelos quais se interessam, sem necessidade de baixar todo o conjunto de dados. A maneira como funcionam é muito simples: você pode publicar seus dados em uma cadeia que já existe no Factom, ou pode criar uma nova cadeia. O ID da cadeia é, então, usado nos itens subsequentes que você publica, como forma de rastrear os dados com os quais você se importa.

O propósito do blockchain do Factom: Publicar qualquer coisa

O Factom é uma plataforma de publicações. Em seu cerne, foi projetado para publicar e validar quaisquer dados. Todas as suas outras ferramentas são construídas em torno dessas funcionalidades simples. O Factom pode suportar transações de mais de 10 kibibytes, e transações maiores precisam de estrutura especial e exigem entradas múltiplas. Alternativamente, um hash que represente os dados também pode ser publicado.

Por conta de o protocolo do Factom ser de código aberto, o sistema atua como utilidade pública. É um lugar em que qualquer um pode publicar qualquer coisa e ficar protegido pelo blockchain do Factom. Não surpreende que algumas pessoas tenham publicado conteúdo obsceno, mas o limite do tamanho da entrada significa que eles não conseguem publicar muito. E spams são coibidos no sistema, com a cobrança de uma pequena quantia por entrada. Então, se quiser xingar no blockchain, isso vai lhe custar.

Factoids são a criptomoeda da rede Factom. Sistemas descentralizados precisam de um mecanismo de recompensa para incentivar os participantes. Ter esse sistema fechado exige cooperação e constrói a criação do valor de rede em longo prazo. Factoids podem ser comercializados e adquiridos como qualquer uma das outras 700 criptomoedas do mercado de criptomoedas. No fim, factoids são usados para comprar créditos de entrada para Rede Factom.

O custo de uma entrada é fixo, enquanto o custo de um *factoid* oscila. À medida que um factoid aumenta de valor, o usuário pode comprar mais créditos de entrada. Esse sistema permite aos usuários ficar dissociados de tokens negociáveis e mantém um custo fixo para consumidores, enquanto dão margem para um mercado livre na especulação de factoids. Essa funcionalidade foi construída no lançamento inicial do Factom para permitir que indústrias fortemente regulamentadas e governos utilizassem a tecnologia blockchain sem sujar as mãos com tokens negociáveis.

Desde o início de 2017, a Rede Factom vê cerca de 40 mioll entradas por dia. Elas incluem coisas como o Índice Russell 3000 e um registro de preços de altcoins diário. Esses registros são usados como referências históricas e podem ser utilizados como uma contribuição para contratos inteligentes ou para provar o histórico.

Hoje, armazenar e acessar dados é, em grande parte, um problema resolvido na indústria. Backups de computador podem ser reproduzidos e arquivados em escala maciça. Um problema grande que persiste é determinar qual documento é a alteração mais recente, sobretudo entre organizações diferentes. Com um sistema de gerenciamento de documentos com base em blockchain, organizações podem garantir que estão usando os mesmos documentos que seus parceiros.

Incentivos da federação

Muitos blockchains, como o Bitcoin e o Ethereum, usam um consenso "proof-of-work". Nesse tipo de blockchain, o algoritmo de consenso trata de como um blockchain chega a um acordo sobre dados novos inseridos no sistema. O sistema de consenso examina se dados novos são válidos. Blockchains públicos precisam de um sistema robusto, porque qualquer um pode adicionar dados em um blockchain. Seu mecanismo de consenso é a regra que determina o que torna um bloco (*block*) válido e em qual cadeia (*chain*) se deve confiar.

A proof-of-work tem muitas características que a tornam atraente. Muitas vezes, ela pode exigir investimento de capital em um hardware especializado de computador e acesso à eletricidade (quanto mais barata, melhor). Isso significa que a única exigência para participar como autoridade do sistema é gastar eletricidade com uma commodity de hardware. Também significa que, para reescrever o histórico, uma quantia equivalente de energia deve ser novamente gasta. Essa despesa torna a reescrita do histórico desvantajosa e, portanto, improvável.

A proof-of-work é excelente para proteger blockchains. No entanto, ela consome somas imensas de energia e é cara para operar. É uma corrida armamentista canibal na qual os computadores mais rápidos vencem e cada gigahash extra adicionado à rede aumenta o desafio.

Quanto mais dados contidos em cada block, mais difícil fica validar. Sistemas proof-of-work, como o Bitcoin, também exigem que todo o blockchain valide um ponto de dados específico no sistema. Para que outros confirmem se a transação que você fez no blockchain do Bitcoin é válida, precisam ter baixado todos os blockchains do Bitcoin. Hoje em dia, isso leva vários dias.

O Factom se afasta da pergunta "É uma entrada válida?". A pergunta, em vez disso, é: "A entrada foi paga?" São os usuários do sistema que validam as entradas. O Factom também estrutura dados em subcadeias que podem ser analisados individualmente para provar a validade de qualquer entrada, sem baixar o blockchain inteiro.

A Figura 7-2 mostra um diagrama da estrutura de cadeia do Factom.

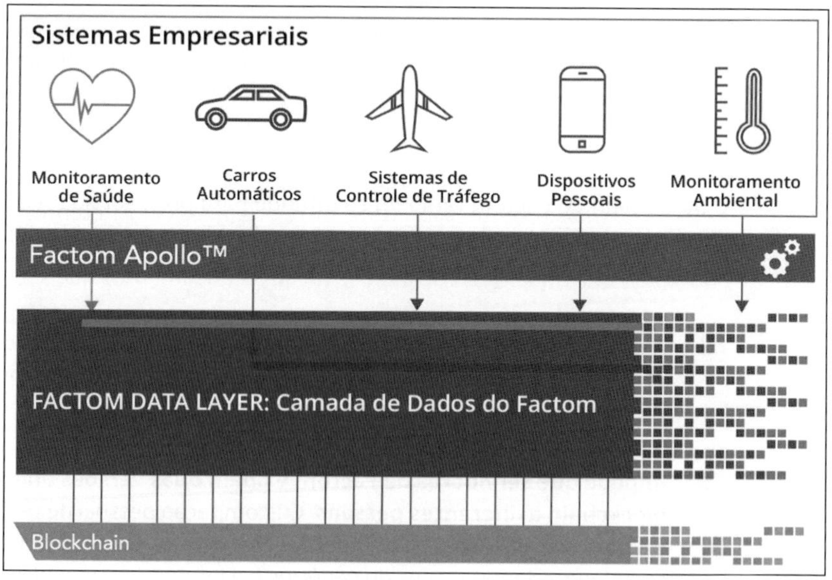

FIGURA 7-2: A estrutura de cadeia do Factom.

Imagem cedida pela Factom, Inc.

O Factom foi estruturado dessa maneira para aplicações comerciais, porque membros de uma indústria não precisam baixar todos os dados irrelevantes sobre uma indústria não relacionada. Por exemplo, verificar que todos os documentos relacionados a uma hipoteca foram contabilizados como "feitos" também não exige baixar anos de histórico de negociação de ações.

OS OITO LOUCOS

A Factom Inc. começou como um projeto para representar o Bitcoin em escala e mudou para uma companhia de empreendimentos de software que constrói aplicativos e produtos para governos e grandes instituições. A companhia formada pela equipe da Factom tinha oito fundadores originais provenientes de um cenário mesclado de vendas, desenvolvimento e engenharia.

Essa é uma equipe fundadora excepcionalmente grande que precisava de um jeito diferente de governar, dividir responsabilidades e distribuir ações. Ela adotou a *holacracia*, uma estrutura de gerenciamento que se parece muito com as redes descentralizadas que constrói. Autoridade e tomada de decisões são distribuídas entre gerentes. O consenso é criado semanalmente, através de uma reunião gerencial de 45 minutos.

A sede da companhia fica em Austin, Texas, e tem projetos mundiais que envolvem identidade, gerenciamento de documentos, imóveis e a Internet das Coisas (IoT). Em cada caso, a Factom está trabalhando na manutenção e compartilhamento de registros. Ela tem uma parceria com a Smartrac, fabricante e fornecedora de produtos de identificação de radiofrequência (RFID) e soluções em IoT, para proteger *documentos de filiação* (documentos, como certidões de nascimento, que permitem que pessoas consigam outros documentos, como cartões da Previdência Social ou carteiras de motorista) e prevenir roubo de identidade. Ela está trabalhando em segurança em IoT e identidade com o Departamento de Segurança Interna dos EUA e gerenciamento de registros médicos com a Fundação Gates.

O blockchain do Factom também se difunde para proteger sua rede contra corrupção de dados. A cada poucos minutos, ele cria uma pequena âncora no Bitcoin e no Ethereum. Isso faz duas coisas importantes:

- **A primeira e mais importante é que impede que servidores que constroem o blockchain do Factom reescrevam históricos indetectáveis.** Porque os servidores não podem controlar o Bitcoin ou o Ethereum, qualquer histórico que tenham registrado é permanente.
- **Impede que servidores da Factom exibam duas versões diferentes do blockchain a diferentes pessoas.** Customização pessoal de páginas da web é algo que a Amazon e o Facebook fazem rotineiramente. Exibir históricos conflitantes de transações de negócios a diferentes companhias é uma receita para mal-entendidos. Por haver somente um blockchain do Bitcoin, isso impede que versões alteradas de históricos sejam criadas.

Construindo no Factom

O Factom foi criado para que aplicações fossem construídas sobre ele. Ele é feito para escala, velocidade e baixo custo. Foi criado para assumir a segurança do blockchain do Bitcoin e tornar essa permanência disponível para mais do que cabe em seu espaço limitado.

Autenticando documentos e construindo identidades usando APIs

O Factom é resultado de um conjunto de interfaces de programação de aplicativos (APIs) que podem ser usadas por equipes de desenvolvimento para gerenciar e autenticar documentos e construir identidades para pessoas e coisas. Você ainda precisa de um desenvolvedor para ajudá-lo, e elas são projetadas para integração de empresas, não sendo ideais para um projeto pequeno neste momento.

Há duas ofertas principais para o público geral:

- **Apollo:** Apollo é sua opção para publicação e autenticação. Ele permite aos usuários alimentar quantidades substanciais de dados no Factom e, então, consultá-los conforme necessário, historicamente. Seria um lugar ideal para publicar um arquivo de seu site ou atualizações de seus protocolos, por exemplo.
- **Iris:** Iris é a plataforma usada para construir uma identidade. É a tecnologia subjacente por trás do projeto de identidade IoT para o Departamento de Segurança Interna norte-americano. Ela se constrói sobre a plataforma Apollo para gerenciamento de registros.

Você pode usar os APIs sem precisar configurar um blockchain ou gerenciar uma carteira de criptomoedas. Isso evita dor de cabeça no processo e é ideal para os que se preocupam com a zona cinza regulatória que ainda se aplica às criptomoedas.

Conhecendo o factoid: Um token diferente

O Factom tem um sistema token de valores particular, que usa algo denominado factoid. O factoid é uma commodity digital comercializável em algumas plataformas de negociação. Não é uma moeda no mesmo sentido que o bitcoin. Factoids podem ser convertidos pelo proprietário para *crédito de entradas* (tokens não transferíveis usados para adquirir poder de publicação dentro da rede Factom). Essa transação é de mão única e não pode ser desfeita. Factoids são queimados de fato e removidos de circulação.

Factoids oscilam em preço, dependendo de especulação e utilidade. Créditos de entrada, por outro lado, têm preço estável, mantido em US$0,001. Isso faz com que as taxas pagas para publicar tenham um custo previsível.

A equipe Factom emitiu uma quantia de tokens durante a venda coletiva para levantar fundos para o desenvolvimento central do Factom. Neste momento, a rede Factom não alcançou toda a federação de 32 nós, conforme destacado no whitepaper. Quando a rede Factom atingir 32 nós, a rede começará a recompensar os nós federados e os nós de auditoria com novos tokens.

Nós federados são nós escolhidos pela rede para manter o consenso e validar transações. Nós de auditoria verificam a honestidade desses nós e assumirão uma de suas posições como nó federado se algum nó federado ficar offline ou quebrar uma das regras do sistema.

A emissão de novos factoids aos servidores, aliada à extinção dos factoids pelos usuários, representa uma transferência de valor. Os usuários estão, de fato, pagando pela operação dos servidores.

Ancorando sua aplicação

A tecnologia blockchain abriu as portas para novos produtos e serviços. Os próprios blockchains servem como a camada de base com a qual a antiga tecnologia pode se reinventar ou contra a qual a inovação pode ser construída. Cada blockchain tem suas propriedades particulares que o torna ideal para aplicações específicas.

O Factom é particularmente bom em proteger informações, mas ainda tem suas limitações: o tamanho de cada entrada e o fato de que quanto mais se publica, mais custa. O Factom é ideal para armazenar arquivos extensos em uma solução em nuvem e, depois, usar indicadores dentro do Factom para localizar esses arquivos para sua aplicação.

Ele está sendo usado principalmente como um sistema para gerenciar documentos e dados e construir identidade, se integra a outros blockchains e pode ser usado para criar um oráculo para seu contrato inteligente.

Publicando no Factom

O Factom foi construído por desenvolvedores para desenvolvedores. Ele precisa utilizar seu terminal e baixar um software especial para usar sua carteira e fazer entradas na rede.

A equipe da Factom tem trabalhado com afinco para construir um sistema robusto primeiro. Ela têm uma documentação que vai conduzi-lo pelo processo e um repositório no GitHub com todos os seus softwares de código aberto para você revisar, e mesmo contribuir com eles. Foram feitos esforços para tornar o Factom mais favorável ao consumidor particular, mas ainda estamos longe disso.

DICA

O FreeFactomizer é um de meus apps favoritos, elaborado por um fã do Factom. É muito simples de usar e permite que você confira a funcionalidade básica do Factom sem ser um desenvolvedor, abrindo um terminal ou fazendo alguma codificação. Ele cria um hash de dados que você insere em uma caixa de texto ou quando sobe um arquivo, e, então, agrega outros hashes de documentos enviados por outros visitantes. A cada dez minutos, ele combina todos esses hashes em uma entrada no blockchain do Factom. Ele oferece uma simples prova de existência.

LEMBRE-SE

O FreeFactomizer é um serviço gratuito proporcionado por uma pessoa em particular. Custa dinheiro fornecer esse serviço, e talvez não esteja disponível no futuro. Também não há nenhuma forma de garantia.

Para usar o FreeFactomizer, siga estes passos.

1. **Vá para** `www.freefactomizer.com` (conteúdo em inglês).

   A Figura 7-3 mostra a página inicial do FreeFactomizer.

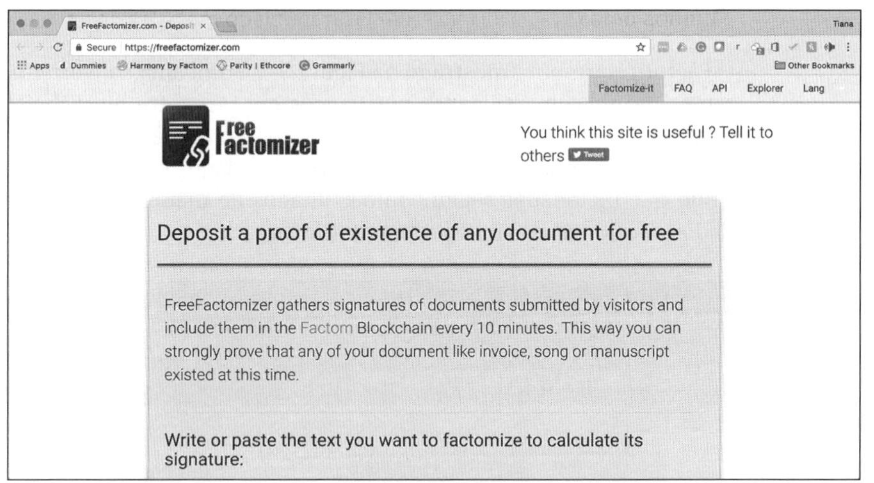

FIGURA 7-3: O FreeFactomizer é um ótimo modo de testar o blockchain do Factom.

2. **Suba um documento para ser hasheado.**

   Use um documento sem importância — que não contenha informações sensíveis —, porque esse serviço não tem garantia ou segurança.

3. **Clique em Factomize the File Signature (Factomize a Assinatura do Arquivo).**

   Você recebe uma estimativa de quanto tempo demorará para o arquivo ser adicionado ao Factom.

4. **Espere o arquivo ser adicionado ao Factom.**

   Leva pelo menos dez minutos para seu arquivo ser agregado a outros documentos e dados. Quando esse processo se completar, o FreeFactomizer lhe fornecerá um link para voltar ao Factom Explore.

5. **Verifique a entrada usando o Factom Explore, uma ferramenta de busca para a base de dados do Factom que lhe permite consultar entradas.**

   Outra opção para tentar é fazer novamente o upload do documento. Ele enviará de volta uma observação como esta: "->Signature already registered" (Assinatura já registrada). Isso significa que eles já a adicionaram ao Factom.

Parabéns! Você acaba de armazenar uma impressão digital de dados no Factom e explorar sua funcionalidade principal.

Construindo transparência no setor hipotecário

Um serviço de gerenciamento de documentos blockchain, o Factom Harmony é o primeiro produto comercial da empresa. Ele é direcionado para originadores de hipoteca, as instituições que concedem empréstimos a consumidores para comprar casas.

O Factom Harmony (mostrado na Figura 7-4) funciona convertendo vários sistemas de imagem utilizados por bancos em um cofre blockchain para documentos. Ele cria e gerencia entradas em tempo real à medida que a hipoteca é processada. Então assegura um registro dos dados dentro do Factom, permitindo que metadados sejam compartilhados de maneira transparente e indica dados confidenciais entre partes confiáveis.

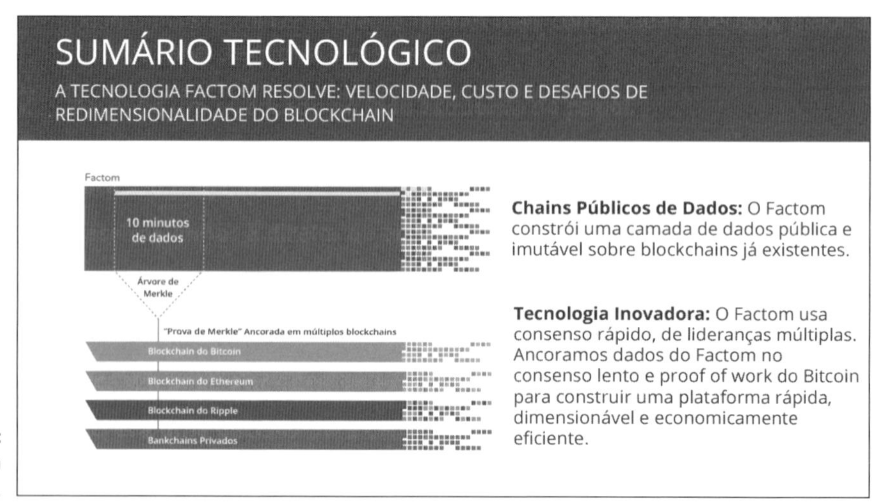

FIGURA 7-4: Factom Harmony.

Imagem cedida pela Factom, Inc.

Em termos simples, o Factom Harmony é um catálogo documental montado em um sistema de imagem. É um aprimoramento radical em relação aos sistemas existentes, porque pessoas que se envolvem anos depois podem ter certeza de que os registros que receberam são idênticos aos que deram origem ao empréstimo. Compradores de hipotecas não precisam mais confiar nas minúcias dos vários intermediários entre a originação e eles mesmos.

O Factom tem esperança de captar algum valor proveniente da eliminação de custos associada à reunião de documentos. Bancos e outros originadores atualmente passam uma grande quantidade de tempo assegurando auditorias, e revisões de registros são realizadas somente com o uso correto do conjunto de registros e dados. Com frequência, isso entra em colapso quando vários interessados estão coordenando, enquanto interagem com documentos de empréstimo através de fontes díspares.

Protegendo dados no blockchain: O cofre digital

O Factom Harmony (veja a seção anterior) oferece a capacidade de armazenar os dados e documentos específicos, usados para decisão e conformidade, em um blockchain permanente, enquanto compartilha, ao mesmo tempo, esses dados com qualquer parte que precise deles. Dados que foram armazenados dentro desse sistema têm uma versão clara do histórico, e dados ausentes também ficam evidentes. Ele foi projetado para cenários como auditorias, ações judiciais, despejos, negociação de empréstimos, securitização e análises regulatórias.

Durante a década que levou à quebra da bolsa de 2008, limitações tecnológicas centrais estavam focadas em velocidade, rendimento, listas de controle e coleta de documentos. Os sistemas não foram projetados para coletar registros e dados associados de um modo que preservem permanentemente a evidência das decisões e ações.

O ambiente regulatório de hoje exige que as empresas sejam bem mais diligentes em seus esforços para documentar e manter os registros e dados associados a todas as decisões. Quaisquer deficiências na documentação do processo muitas vezes são atribuídas a dolo, sem a habilidade de preservar com perfeição a evidência dos dados e as decisões associadas a eles.

Como o Harmony funciona com a tecnologia Factom

A tecnologia do Factom é uma combinação de tecnologia blockchain, assinaturas digitais e um conjunto de funções criptográficas desenvolvidas pelo Instituto Nacional de Padrões e Tecnologia dos Estados Unidos (NIST). Uma série de pontos de dados é preservada em conjunto com uma prova criptográfica em outros blockchains que permitem aos usuários preservar os dados e documentos para uso futuro. Esse processo cria um catálogo eletrônico de arquivos que podem ser acessados e validados a qualquer momento por quaisquer partes autorizadas.

Usando a função criptográfica SHA-256, o Factom gera uma hash de cada documento e arquivo de dados armazenados dentro do blockchain do Factom. A hash cria prova criptográfica de que um arquivo nunca foi alterado ou modificado.

LEMBRE-SE

Uma *hash* é um tipo de "impressão digital" para um conjunto de dados que representa os conteúdos de um arquivo, mas sem o risco de os dados serem expostos.

Além disso, o Harmony gera e armazena um conjunto de pontos de metadados principais com a hash para cada documento e arquivo de dados associado ao registro. Dentro dos metadados, documentos e arquivos de dados são associados e vinculados usando-se as mesmas ferramentas criptográficas. Esses metadados, em conjunto com as hashes dos arquivos, são escritos no blockchain do Factom.

Usando o blockchain como testemunha pública

O Factom cria várias testemunhas públicas para os dados que protege. Seu blockchain é minúsculo em comparação a mastodontes como o Bitcoin e o Ethereum, pois o sistema deles não tem mineração como parte do mecanismo de consenso. Atualmente, o sistema não está nem mesmo produzindo nenhum token novo. Quanto maior e mais descentralizado um blockchain, mais protegido ele está de um ataque bem-sucedido.

Minerar criptomoedas é o que a maioria dos blockchains públicos faz para se proteger. É o que incentiva os nós a se juntarem à rede.

O Factom supera esse obstáculo com um método engenhoso que lhe confere segurança combinada. Ele ancora os dados situados no blockchain do Factom dentro do Bitcoin e do Ethereum. Isso é feito a cada dez minutos através de hashing. Eles pegam o conjunto inteiro de dados e o hasheiam até que haja somente uma hash que possa representar o blockchain do Factom inteiro.

Verificando documentos físicos: dLoc com o Factom

O Smartrac, desenvolvedor líder, fabricante e fornecedor mundial de transponders RFID, reveste, pré-lamina e semifinaliza cartões em parceria com o Factom. Dessa parceria foi criado um novo modo de proteger objetos físicos com blockchains. Esse produto e serviço é chamado dLoc. O dLoc foi projetado como um adesivo que pode ser colocado em quase tudo, e ele tem utilidade especial para documentos de papel, como documentos de filiação.

O dLoc é um sistema seguro de gerenciamento de documentos de ponta a ponta que usa tanto hardware como software. O adesivo transponder Near Field Communication (NFC), codificado no adesivo Smartrac do dLoc com um chip embutido, é colocado em documentos ou em outros bens e os protege usando o blockchain Factom.

PAPO DE ESPECIALISTA

Protocolos de comunicação NFC permitem dois dispositivos eletrônicos, a fim de estabelecer conexão quando postos próximos um do outro.

Ao combinar software hospedado em nuvem com a tecnologia do Factom, cria-se ao longo do tempo uma identidade imutável para praticamente qualquer coisa. Pessoas com um certo nível de apuramento podem acessar e validar o documento físico usando o app para celular dLoc.

O dLoc também permite que agências ou entidades emissoras transformem seus documentos offline em exemplos digitais que podem ser conectados facilmente aos sistemas digitais existentes e atravessar a ponte entre os mundos offline e online. Essa solução pode ser aplicada a uma vasta gama de documentos, como certidões de nascimento, títulos de terras, de justiça e registros médicos.

O dLoc representa o primeiro sistema prático de autenticação de documentos que usa o blockchain do Factom para resolver a lacuna de integridade de dados entre o mundo físico e o digital. É a primeira maneira confiável de proteger informações em documentos de papel com dados digitais usando a tecnologia blockchain. Os dados do dLoc e a solução para autenticação de identidades reservam uma grande promessa tanto para setores públicos como para privados, nos quais documentos de papel são amplamente usados.

LEMBRE-SE

O dLoc não elimina fraude. Pessoas sempre serão pessoas e encontrarão modos de desviar, fugir e roubar. Essa tecnologia torna muito mais desafiador e oneroso fazer isso. Neste momento, alguém pode comprar uma nova identidade ou falsificar mercadorias em quase todo lugar. E, em alguns casos, essas identidades são indissociáveis de documentos e commodities autênticos.

O dLoc criou uma maneira de estender a impossibilidade da tecnologia blockchain a objetos físicos e documentos. Ele também criou um sistema capaz de notificá-lo se sua identidade estiver sendo adulterada e que lhe dá a possibilidade de fazer algo a respeito.

NESTE CAPÍTULO

» Conhecendo o DigiByte

» Começando a minerar no DigiByte

» Jogando por tokens

Capítulo 8

Vasculhando o DigiByte

DigiByte é o blockchain que está ganhando o mundo dos jogos. É um sistema único que funciona bem com muitas aplicações interessantes, de jogos a gerenciamento de documentos. A equipe do DigiByte descobriu a mistura certa de velocidade, acessibilidade e utilidade para blockchains.

Um aspecto particular do DigiByte são os cinco algoritmos separados, cada um deles com média de 20% de novos blocks. Isso é muito importante, porque a maioria dos blockchains está operando com apenas um algoritmo, e só os nós mais rápidos ganham tokens.

Cada um dos cinco algoritmos do DigiByte acomoda um tipo diferente de minerador, o que atraiu mais usuários para o protocolo do DigiByte e aumentou sua descentralização. Por conta desse enfoque do protocolo, invasores teriam de controlar cerca de 60% da taxa de hash total na rede para causar algum problema. Isso implicaria o controle de pelo menos 93% de um algoritmo e 51% dos outros quatro (quando comparado ao Bitcoin, que está operando um algoritmo e sujeito a um ataque de 51%). O conceito de ataque de 51% é uma das maiores fraquezas do blockchain do Bitcoin. Se mais de 51% dos mineradores na rede Bitcoin forem controlados por um grupo, eles podem manipular o blockchain do Bitcoin. Se a rede estiver comprometida, o token perderá seu valor, e os dados protegidos dentro da rede estarão comprometidos.

Este capítulo aprofunda-se nas aplicações práticas e no futuro do blockchain do DigiByte e explica usos realistas para essa tecnologia.

Familiarizando-se com o DigiByte: O Blockchain Rápido

O DigiByte, também conhecido como a criptomoeda DGB, é um blockchain focado em jogos, pagamentos e segurança. A sede da companhia fica em Hong Kong e foi fundada por Jared Tate. Tate veio de um contexto militar e dos primórdios da informática e esteve envolvido com o Bitcoin por muitos anos. Depois de se frustrar com o desenvolvimento central do Bitcoin, lançou o DigiByte, em 2014, e levantou uma etapa inicial de fundos para expandir seu trabalho em pagamentos e negócios.

A equipe do DigiByte fez um trabalho incrível, que muitos outros projetos utilizam. Atualmente o DigiByte está processando 300 transações por segundo. A título de comparação, o Bitcoin faz aproximadamente 7 transações por segundo. A equipe tem muitos objetivos inspiradores para esse projeto, incluindo equiparar a impressionante velocidade de transação da Visa em 2021.

O DigiByte é uma das redes mais amplamente distribuídas, com mais de 8 mil nós em 82 países. Seu funcionamento é semelhante ao do Bitcoin, em termos de poder ser usado para movimentar valor entre duas partes de um jeito rápido e por um custo muito baixo. Ele também tem algumas das mesmas funcionalidades que o Bitcoin, em termos de poder proteger uma pequena quantidade de informações dentro de seu blockchain. Por meio desse mecanismo, ele permite que você proteja dados, documentos e contratos com uma velocidade ainda maior que a do Bitcoin.

A equipe acessível do DigiByte também trabalhou duro para tornar esse projeto divertido. A equipe oferece prêmios para jogar através da plataforma e tuitar coisas legais sobre ela. O DigiByte tem um GitHub, e é um projeto de código aberto sob licença do MIT.

O DigiByte Gaming, uma divisão do DigiByte, é uma plataforma que utiliza criptomoedas dentro do ambiente de jogos para facilitar um novo tipo de publicidade digital. Ele tem uma base crescente de mais de 10 mil usuários. É uma forma de marketing de permissão, no qual campanhas e incentivos impulsionam o compromisso da marca com recompensas e prêmios em criptomoeda. A capacidade de proteger micropagamentos quase sem fronteiras confere a esse tipo de plataforma de marketing uma vantagem competitiva muito interessante.

A participação sem fronteiras permite que empresas atinjam um público mais amplo. A criptomoeda também deixa as empresas fazerem pagamentos e oferecerem prêmios de praticamente qualquer porte a qualquer pessoa no mundo. Será empolgante ver o mercado DigiByte se expandir para além da indústria dos jogos.

Minerando no DigiByte

O DigiByte usa cinco algoritmos de mineração para processar transações. Cada algoritmo responde por 20% de todos os blocks criados na rede. Esse sistema torna o DigiByte um blockchain único e diversificado.

A equipe DigiByte percebeu que havia uma vantagem maior permitindo mais tipos de mineração em sua plataforma. Em sistemas que têm um único algoritmo, somente a tecnologia mais rápida e mais recente ganhará. Isso gera um tipo de corrida armamentista canibal por tecnologia e velocidade. Por permitir que todos os tipos de máquinas diferentes ganhem tokens com êxito, o sistema DigiByte é aberto a uma maior diversidade e participação.

Aqui está um detalhamento rápido do sistema de cinco algoritmos do DigiByte (todos os conteúdos estão em inglês):

- **SHA-256 (**`https://dgb-sha.theblocksfactory.com`**):** Você precisa ter o equipamento minerador ASIC para utilizar a opção de mineração SHA-256 para o DigiByte.
- **Scrypt (**`https://dgb-scrypt.theblocksfactory.com`**):** Você pode usar o equipamento minerador ASIC ou o GPU para rodar o Scrypt para o DigiByte.
- **Qubit (**`http://dgb-qubit.theblocksfactory.com`**):** O Qubit é um algoritmo GPU para minerar DigiByte.
- **Skein (**`http://dgb-skein.theblocksfactory.com`**):** O Skein é um algoritmo GPU para minerar DigiByte.
- **Groestl (**`http://dgb-groestl.theblocksfactory.com`**):** O Groestl é um algoritmo GPU para minerar DigiByte.

A multiplicidade dos algoritmos do DigiByte incentiva mais pessoas a participar da mineração ao reduzir o bloqueio para entrar com êxito na rede. A descentralização que resultou dessa diversidade acarretou muitos usos interessantes para a rede. Mineradores de criptomoedas muitas vezes reajustarão equipamentos mineradores de Bitcoin desatualizados para usar na rede DigiByte, na qual ainda podem encontrar utilidade para eles.

Esta seção se aprofunda em como ganhar alguns dos tokens do DigiByte, conhecidos como DGB. Você pode minerar a criptomoeda e usá-la mais tarde.

Se você tiver um equipamento minerador antigo do Bitcoin, ele pode ser usado para ganhar DGBs.

Antes de minerar DGBs, você deve calcular se a mineração será uma empreitada rentável. Siga estes passos:

1. **Vá para** `www.coinwarz.com/calculators` (conteúdo em inglês).

   Aqui você encontra uma calculadora para estimar o tempo de retorno para minerar muitas criptomoedas diferentes.

   A Figura 8-1 mostra a ferramenta de cálculo de custo e rentabilidade da CoinWarz.

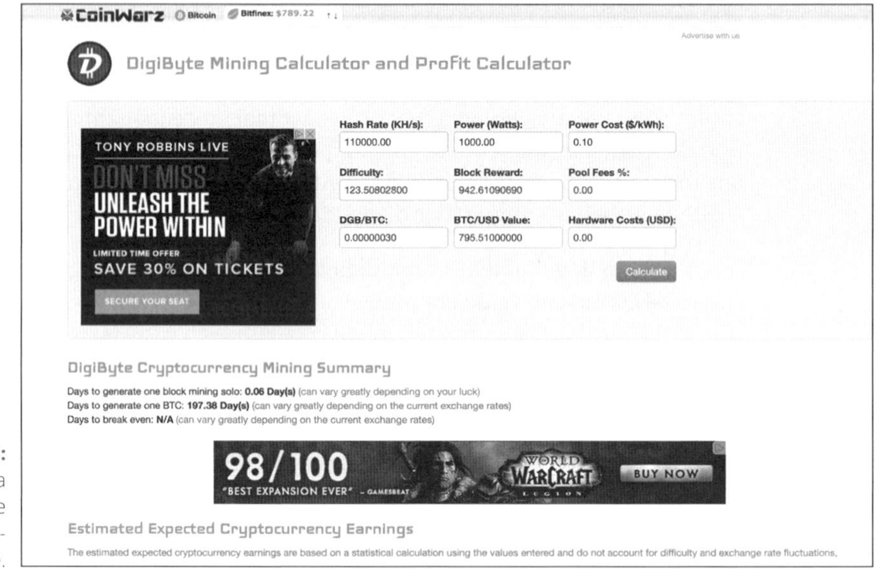

FIGURA 8-1: Calculadora de custo e rentabilidade.

2. **No campo Pool Fees % (Taxas de Poll), insira** 3.

   Essa é uma estimativa alta do custo para participar de um pool de mineração. Com frequência, ela se situa entre 0,5% e 3%.

3. **No campo Hardware Costs (USD) (Custos de Hardware), insira** 500.

   O custo do equipamento minerador especializado varia consideravelmente. Uma boa média de custo é estimada em US$500.

4. **No campo Hash Rate (KH/s) (Taxa de Hash), insira** 470000.

   Essa é a estimativa da velocidade com que sua máquina pode hashear em kilohashes por segundo (KH/s), ou 1.000 cálculos de hash por segundo. Quanto mais elevada a taxa de hash para minerar um blockchain específico, mais difícil é minerar esse tipo de criptomoeda.

   Talvez você também veja megahashes por segundo (MH/s), ou 1 milhão de cálculos de hash por segundo; gigahashes por segundo (GH/s), ou 1 bilhão de cálculos de hash por segundo; terrahashes por segundo (TH/s), ou 1 trilhão de cálculos de hash por segundo; e petahashes por segundo (PH/s), ou 1 quadrilhão de cálculos de hash por segundo.

5. **Clique em Calculate (Calcular).**

   A calculadora dará a você uma ideia dos custos e da rentabilidade de se envolver com mineração de criptomoedas.

A EVOLUÇÃO DA MINERAÇÃO

Quando o Bitcoin começou, um computador comum podia ser usado para minerar. No entanto, o aumento da taxa de hash para o blockchain do Bitcoin logo consumiu todos os recursos de sistema de computadores convencionais.

Blockchains que atingiram a complexidade hash de gigahashes estão além da capacidade de seu computador médio. Mesmo essa taxa pode ser proibitiva para muitos mineradores. Isso exige muita energia, tempo e recursos para ser rentável. Por conta do sistema de cinco algoritmos do DigiByte, você ainda pode usar um computador convencional para ganhar tokens.

Mineradores de bitcoins descobriram que poderiam adaptar a unidade de processamento gráfico (GPU) em placas de vídeo de computadores para minerar. A GPU aumentou mais de 50 vezes a vantagem de velocidade de mineração, além de consumir menos eletricidade, portanto, sendo mais barata de rodar.

Em 2011, fazendas de mineração começaram a surgir. Elas usam um equipamento especializado chamado processador field-programmable gate array (FPGA). Esses dispositivos se anexavam a computadores de mineradores usando uma entrada USB e gastavam menos energia do que mineração CPU ou GPU.

O melhor hardware de mineração agora utiliza circuitos integrados de aplicação específica (ASICs). Máquinas ASICs mineram a uma velocidade extrema de hashing, e com base em minha experiência pessoal, elas podem ser bem barulhentas. Se optar por comprar uma, reserve tempo para ler as avaliações. Além disso, confira para ter certeza de que ela terá um tempo razoável de retorno e será compatível com o que você quer minerar.

Assinando Documentos no DiguSign do DigiByte

O DiguSign, criado pela equipe do DigiByte, é uma alternativa interessante ao tradicional armazenamento em nuvem e aos serviços de assinatura eletrônica. O DiguSign pega a funcionalidade básica dessas aplicações e acrescenta a permanência e a verificabilidade da tecnologia blockchain. Ela permite que você assine documentos digitalmente e então os proteja no blockchain do DigiByte.

A equipe do DigiByte acredita que o DiguSign será muito útil para advogados, profissionais de saúde e em setores de serviços financeiros nos quais seja importante manter uma versão clara do histórico de contratos e uma linha do tempo clara e definida sobre quais documentos foram apresentados, quando e para quem.

DICA

Talvez você consiga conectar sua conta DiguSign a seus provedores de armazenamento em nuvem, como o Google Docs, o Dropbox e o OneDrive. Até lá, cada documento precisa ser carregado individualmente no DiguSign, que tem uma versão de teste gratuita para esse serviço que permite que você crie três documentos ou contratos gratuitos baseados em blockchain.

O DiguSign ainda está em fase inicial de testes, mas já permite que você armazene, autentique não oficialmente e valide documentos digitais.

PAPO DE ESPECIALISTA

O DiguSign publica um hash SHA256 de seu documento embutindo esse hash em uma transação blockchain do DigiByte. Essa transação, então, fica protegida no blockchain do DigiByte.

Para configurar sua conta, siga estes passos:

1. **Vá para `www.digusign.com` (conteúdo em inglês) e cadastre uma conta no DiguSign.**
2. **Faça upload de seu documento no DiguSign.**

   Você recebe a opção de criar um documento ou um modelo de contrato.
3. **Escolha a opção de criar um documento.**
4. **Configure todas as assinaturas exigidas e outros campos em seu documento.**
5. **Insira os e-mails das pessoas para quem você gostaria de fazer uma assinatura eletrônica de seu documento.**
6. **Selecione a opção Secure Final Version (Proteger Versão Final).**

   Quando todas as partes assinarem o documento, você precisará enviar a versão final ao blockchain do DigiByte clicando em Secure Final Version.

Você criou uma impressão digital quase permanente de seu documento, que pode ser citada a qualquer momento.

Ganhando DigiBytes enquanto Joga

O DigiByte estabeleceu a conexão entre a afinidade por tokens digitais da comunidade dos jogos e a tecnologia blockchain. Jogadores têm familiaridade com o uso de moedas digitais em jogos, portanto, a equipe do DigiByte acredita que é um pulo fácil utilizar seu token criptomoeda como meio de incentivar a participação dos usuários.

O DigiByte configurou opções para ganhar tokens do DigiByte jogando games como Counter Strike, League of Legends e World of Warcraft. As recompensas são oferecidas através de patrocínios de empresas de games, e não se recorre à energia GPU de um usuário para minerar.

O DigiByte criou uma oportunidade interessante para empresas de games construírem modelos extras de incentivo, a fim de ganhar novos jogadores e manter os já existentes. Ele também encontrou uma maneira inteligente para jogadores traduzirem os prêmios que ganham no mundo digital em dinheiro que podem gastar no mundo físico.

Você pode ganhar digibytes através do site de jogos DigiByte. Todos os dias, o DigiByte oferece vários Quests que lhe dão a oportunidade de ganhar o que é chamado de *XP*. Então o XP se traduz em digibytes em uma taxa diária determinada. Você pode jogar World of Warcraft ou qualquer um dos outros jogos disponíveis, e ser pago em digibytes para jogar.

Depois você pode comercializar o token DGB em plataformas de negociação, como a Poloniex, por bitcoins. E pode facilmente transformar o bitcoin em outras moedas. Há algumas camadas de separação, mas esse é um caminho claro e divertido para ser pago!

Começar a ganhar digibytes por meio de jogos é bem fácil. Você não minerará para ganhar tokens, mas também não precisará abrir uma linha de comando para começar. É só seguir estes passos:

1. **Vá para** `www.digibytegaming.com` (conteúdo em inglês).
2. **Crie uma nova conta.**

   O DigiByte permite login social, tornando a configuração rápida e fácil.
3. **Verifique sua conta.**

   Confira o link em seu e-mail.

4. **Vá para** `www.battle.net` (conteúdo em inglês).

   A partir daqui, você pode criar um perfil para conectar a sua conta DigiByte. Esse perfil agirá como uma ponte entre o World of Warcraft e o DigiByte.

5. **Configure o World of Warcraft em seu computador.**

   Se já jogou esse jogo, você pode conectar seu game key nesse passo.

6. **Volte para** `www.digibytegaming.com` (conteúdo em inglês).
7. **Clique na opção World of Warcraft.**
8. **Conecte sua conta Battle.net.**
9. **Abra seu World of Warcraft e comece a jogar.**

Agora você está ganhando digibytes enquanto joga!

3 Plataformas Potentes de Blockchain

NESTA PARTE...

Analise o maior consórcio de blockchain para empresas, o Hyperledger, e quais benefícios e impactos ele terá para sua companhia e organização.

Entenda as iniciativas do blockchain da Microsoft e ferramentas básicas disponíveis através de ofertas em sua rede.

Avalie o projeto Bluemix da IBM e as implicações da tecnologia blockchain aliada à inteligência artificial.

NESTE CAPÍTULO

» Explorando quatro projetos principais do Hyperledger

» Aprofundando-se no algoritmo PoET

» Descobrindo contratos inteligentes Chaincode

» Entendendo o Sumeragi

Capítulo 9

Manuseando o Hyperledger

O Hyperledger é uma comunidade de desenvolvedores de software e entusiastas da tecnologia que estão construindo padrões de mercado para estruturas e plataformas blockchain. O trabalho dele é importante porque é o grupo principal que está conduzindo o mercado do blockchain à adesão convencional e comercial. O Hyperledger é a plataforma de implantação "segura" para equipes empresariais.

A organização e seu projeto único estão crescendo a cada dia. No momento da redação deste livro, eles tinham mais de 100 empresas-membros e vários projetos em incubação. Seus primeiros projetos incluem o Explorer, aplicativo da web para visualizar e consultar blocks, e o Fabric, um construtor de aplicativos blockchain plug-and-play (ligar e usar). Eles também têm o Iroha e o Sawtooth, que são plataformas blockchain modularizadas.

Neste capítulo exploro os três projetos principais sob incubação no Hyperledger. Você terá uma compreensão profunda de qual será o futuro do blockchain comercializado para sua empresa e setor. Essa compreensão ajudará você a explorar quais tecnologias utilizar e quais evitar, poupando seu tempo e recursos de desenvolvimento.

Conhecendo o Hyperledger: Sonhos de um Hiperfuturo

No fim de 2015, a Fundação Linux formulou o projeto Hyperledger para desenvolver uma estrutura de livro-razão distribuída, de código aberto e empresarial. A expectativa era focar a comunidade blockchain na construção de aplicativos, plataformas e sistemas hardware consistentes e específicos para indústrias, a fim de apoiar empresas.

A Fundação Linux percebeu que havia muitos grupos diferentes construindo tecnologia blockchain sem um direcionamento coeso. O setor estava duplicando esforços, e o tribalismo estava levando equipes a resolverem duas vezes o mesmo problema. A fundação sabia, por experiência própria, que se essa tecnologia percebesse seu potencial máximo, um desenvolvimento estratégico de código aberto e colaborativo seria urgentemente necessário.

O projeto Hyperledger é liderado pelo diretor executivo Brian Behlendorf, que tem décadas de experiência que remontam à Fundação Linux original e à Fundação Apache, assim como ao seu cargo de diretor técnico no World Economic Forum (Fórum Econômico Mundial). Portanto, não surpreende que o Hyperledger tenha sido bem recebido. Muitos dos principais líderes do mercado e empresariais se juntaram ao projeto, inclusive Accenture, Cisco, Fujitsu Limited, IBM, Intel, J.P. Morgan e Wells Fargo. Ele também atraiu muitas das principais organizações de blockchain.

O R3, um consórcio que apoia o setor bancário, colaborou com sua estrutura arquitetônica de transações financeiras. A Digital Asset, companhia de softwares, forneceu a marca Hyperledger e alguns de seus códigos empresariais. A Fundação Factom também está colaborando com códigos empresariais e recursos de desenvolvimento, e a IBM e muitas outras organizações estão colaborando com códigos e outros recursos para o projeto.

Os comitês de direção técnica do Hyperledger garantem consistência e interoperabilidade entre essas diferentes tecnologias. A expectativa é a de que a colaboração aberta e intersetorial promoverá a tecnologia blockchain e gerará bilhões em valor econômico ao compartilhar os custos da pesquisa e desenvolvimento entre muitas organizações.

O Hyperledger está identificando e abordando aspectos e exigências importantes ausentes no ecossistema da tecnologia blockchain. Ele também está promovendo um padrão intersetorial aberto para livros-razão distribuídos e assegurando um espaço livre para desenvolvedores contribuírem com a construção de sistemas blockchain melhores.

O Hyperledger tem um projeto de vida útil similar ao da Fundação Linux. Uma proposta é apresentada, e então as propostas aceitas são levadas para incubação.

Ao atingir uma fase estável, o projeto se classifica e muda para uma fase ativa. Até agora, todos os projetos Hyperledger estão em proposta ou em fase de incubação. Cada um dos projetos é liderado por uma grande corporação ou uma startup. Por exemplo, o Fabric é liderado pela IBM; o Sawtooth, pela Intel; e o Iroha, pela startup Soramitsu.

O Hyperledger, como muitos outros projetos em código aberto, usa o GitHub (`www.github.com/hyperledger` — conteúdo em inglês) e o Slack (`https://slack.hyperledger.org` — conteúdo em inglês) para se conectar com equipes que trabalham em cada um dos projetos. Esses são ótimos lugares para obter as últimas atualizações e verificar o progresso no desenvolvimento que esses projetos estão realizando.

Focando o Fabric

Primeiro projeto de incubação do Hyperledger, o Fabric é uma plataforma blockchain permissionada. Ele funciona como a maioria dos blockchains, em termos de manter um livro-razão de eventos digitais. Esses eventos são estruturados como transações e compartilhados entre os diferentes participantes. As transações são executadas sem criptomoedas. Para se aprofundar nesse assunto, um recurso adicional se encontra em `https://trustindigitallife.eu/wp-content/uploads/2016/07/marko_vukolic.pdf` (conteúdo em inglês).

Todas as transações são seguras, privadas e confidenciais. O Fabric só pode ser atualizado sob consenso dos participantes. Quando registros são inseridos, nunca podem ser alterados.

O Fabric é uma solução empresarial interessada em escalabilidade e em estar em conformidade com as normas. Todos os participantes devem registrar comprovante de identidade para serviços de adesão, a fim de adquirir acesso ao sistema. O Fabric emite transações com certificados derivados que não têm vínculo com o proprietário participante, proporcionando, dessa forma, anonimato na rede. Do mesmo modo, o conteúdo de cada transação é criptografado, para assegurar que somente os participantes intencionados possam ver o conteúdo.

O Fabric tem uma arquitetura modular. Você pode acrescentar ou tirar elementos implementando sua especificação de protocolo. Sua tecnologia de contêiner (*container*) é capaz de lidar com a maioria das linguagens convencionais para o desenvolvimento de contratos inteligentes.

O Bitcoin, por outro lado, permite a participação anônima de qualquer um, e a comunidade está sempre procurando meios de ser resistente à censura e de capacitar aqueles que foram desfavorecidos. O Bitcoin também foi projetado principalmente para a movimentação e a segurança de sua criptomoeda token. Por esse motivo, comparar as melhores práticas do Bitcoin com as do Fabric talvez seja injusto.

Construindo seu sistema no Fabric

Muito trabalho foi feito para deixar o Fabric acessível, mas seu acesso ainda é fácil somente para pessoas experientes em tecnologia.

O Hyperledger detalhou vários casos de uso aos quais direcionará sua tecnologia. No futuro próximo, você será capaz de utilizar o Fabric nos casos de uso destacados, com interfaces de usuário intuitivas. Por ora, você pode desenvolver e testar os casos de uso listados com a ajuda de um desenvolvedor.

Aprofundando-se no desenvolvimento do chaincode

Contratos entre duas partes podem ser transformados em códigos no Hyperledger Fabric por Chaincode. O Chaincode é a versão do Hyperledger do contrato inteligente do Ethereum. Ele automatiza os acordos feitos dentro de um contrato, de maneira que ambas as partes possam confiar.

O chaincode é Turing completo, como os contratos inteligentes do Ethereum. Atualmente você pode pedir a um desenvolvedor Java para construir um contrato de chaincode para você. A equipe do Fabric preparou alguns casos de uso comuns, como moedas digitais e envio de mensagens de texto, como parte da estrutura central.

A equipe do Fabric também está explorando outros casos de uso de negócios interessantes que não estavam finalizados no momento da redação deste livro, mas que talvez estejam disponíveis quando você estiver lendo isto.

O Hyperledger está em fase inicial de desenvolvimento, e seus projetos estão com dois anos de atraso em relação ao trabalho do Ethereum. No entanto, cada um dos projetos tem equipes e recursos sólidos voltados para:

- **Contratos empresariais:** O Hyperledger elaborou maneiras de ter contratos públicos e contratos privados. Contratos privados são entre duas ou mais partes e contêm informações confidenciais. Contratos públicos são visíveis por qualquer um que reserve tempo para pesquisar por eles dentro do Hyperledger. Por exemplo, talvez você use um contrato público para fazer uma oferta pública a fim de vender um produto ou como um modo de solicitar licitações em um contrato.

  A composição desses contratos é mais complexa que contratos tradicionais, porque a mediação e o reforço de terceiros são excluídos. Além disso, é necessária a autenticação das pessoas participantes do contrato. Ademais, a maioria dos contratos é única e não pode ser padronizada. Quanto mais complexo é o contrato, em mais locais pode ser corrompido a partir de sua intenção original. O Hyperledger está trabalhando na elaboração de um sistema de gerenciamento contratual, a fim de ajudar a aprimorar a redimensionabilidade do Chaincode.

» **Produção da cadeia de suprimentos:** O gerenciamento da cadeia de suprimentos é um esquema empolgante de blockchain que está sendo explorado no Fabric. Montadores finais poderiam gerenciar todas as partes e os suprimentos usados para criar seus produtos. Essa característica capacitaria você a ser receptivo a demandas e conseguir rastrear a origem de cada parte, até o fabricante original. No caso de recall de um produto, seria fácil encontrar o culpado ou a capacidade para relatar a autenticidade de cada parte antes de ser utilizada.

  O Fabric requer mais aperfeiçoamento antes de ficar pronto para este caso de uso, porque precisará ser facilmente acessível a qualquer um na cadeia de suprimentos. A equipe do Fabric está trabalhando em um protocolo-padrão para permitir a cada participante de uma rede de cadeia de suprimentos inserir e rastrear peças numeradas que são produzidas e usadas em um produto específico.

  Finalizado, este caso de uso permitiria que fossem feitas pesquisas aprofundadas sobre a elaboração de cada produto, a qualquer momento. Isso ficaria a dez ou mais camadas de profundidade na produção de cada um dos itens. Consumidores, então, poderiam definir a procedência de qualquer bem manufaturado que fosse feito de outros bens e suprimentos componentes. Isso pode gerar um impacto social interessante no consumo.

» **Títulos e ativos:** Títulos e outros ativos se adaptam bem ao blockchain, porque podem automatizar muitas das funções desempenhadas por terceiros. O Fabric permitirá que todos os interessados de um ativo tenham acesso direto a ele, bem como à sua composição e histórico, evitando intermediários que agora detêm essa informação. O Fabric também acelerará o momento da liquidação de ativos próximo ao tempo real.

» **Comunicação direta:** No futuro, o Fabric também poderia ser usado como local no qual empresas podem fazer anúncios e ofertas públicas. Por exemplo, se uma empresa quisesse levantar fundos e precisasse notificar todos os acionistas dos detalhes completos da oferta em tempo real, ela poderia fazê-lo. Assim como na organização autônoma descentralizada (DAO) do Ethereum, acionistas podem tomar decisões e executá-las. As decisões deles serão processadas e estabelecidas em tempo real. Isso tornará as reuniões e votações de acionistas muito mais fáceis e rápidas.

» **Interoperabilidade de ativos:** No futuro, o Fabric talvez tenha algumas das mesmas funcionalidades que a rede Ripple (veja o Capítulo 6). Ele concebeu casos de uso em que empresas poderiam trocar ativos em mercados de baixa liquidez ao combinar demandas entre múltiplas partes. Em vez de se contentar com limites de mercado em negociação direta entre duas partes, uma rede chain conecta compradores a vendedores e encontra a melhor combinação através de múltiplas categorias de ativos. O Hyperledger parece estar bem posicionado para negociar derivativos no futuro. Você pode ler mais sobre esse trabalho em `http://events.linuxfoundation.org/sites/events/files/slides/TradingDerivatives_LinuxCon_2016.pdf` (conteúdo em inglês).

Investigando o Projeto Iroha

O projeto Iroha do Hyperledger está sendo construído sobre o trabalho finalizado no projeto Fabric. Seu propósito é complementar o Fabric, o Sawtooth Lake e os outros projetos sob o Hyperledger, que adicionou o projeto Iroha à incubação porque nenhum dos outros projetos tinha infraestrutura composta em C++. Não ter um projeto em C++ limitou severamente o número de pessoas que poderiam se beneficiar com o trabalho do Hyperledger e o número de desenvolvedores que poderiam contribuir com o projeto.

Além disso, a maior parte do desenvolvimento em blockchain neste momento esteve no nível mais baixo de infraestrutura, e houve pouco ou nenhum trabalho de desenvolvimento em interação entre usuários ou aplicativos móveis. O Hyperledger acredita que o Iroha é necessário para a popularização da tecnologia blockchain. Esse projeto preenche a lacuna do mercado ao angariar mais desenvolvedores e proporcionar acervos para desenvolvimento de interfaces para usuários móveis.

No momento da escrita deste livro, o Iroha era um projeto muito novo e não integrado ao Fabric ou ao Sawtooth Lake. O Hyperledger tem planos para ampliar em breve a funcionalidade para trabalhar com os outros projetos blockchain. Seus acervos iOS, Android e JavaScript proporcionarão funções de suporte, como assinar transações de maneira digital. Será muito útil para o desenvolvimento de apps comerciais, e acrescentará novas camadas de segurança e modelos de negócios possíveis somente com a tecnologia blockchain.

Apresentando o Sumeragi: O novo algoritmo de consenso

Blockchains têm sistemas que lhes permitem concordar primeiramente com uma versão única da verdade e, então, registrar em seu livro-razão essa verdade com a qual se concordou. Um sistema de acordo é chamado de *consenso.*

Um consenso é complicado. Compreender as nuances de como e quando os consensos agem como agem está muito além do escopo deste livro. É muito mais do que você jamais precisará como profissional de negócios. O que *importa* para você são as consequências de mecanismos diferentes de consensos e como eles afetam o que você está fazendo naquele blockchain particular. Estou esclarecendo o consenso do Iroha, o Sumeragi, porque ele é muito diferente dos outros blockchains.

Aqui estão algumas coisas centrais que tornam o Sumeragi diferente:

- **O Sumeragi não tem criptomoeda.**
- **Nós que dão início ao consenso são acrescentados ao sistema pelos associados do Fabric.** Com o tempo, os nós constroem uma reputação com base em como interagiram com o livro-razão. Esse é um blockchain permissionado, gerenciado por entidades conhecidas.
- **Novas entradas são acrescentadas ao livro-razão de um modo particular.** O primeiro nó que dá início ao consenso, chamado *leader* (líder), transmite a entrada a um grupo de outros nós, e então esses nós a validam. Se eles não a validarem, o primeiro nó vai retransmiti-la depois de um tempo predeterminado. O elemento de transmissão é similar ao modo como o consenso do Ripple funciona.

Dependendo de seu caso de uso para o blockchain, o Iroha pode ser positivo ou negativo. Se está preocupado com censura, talvez o Iroha não seja o adequado para você. Nesse caso, será melhor você procurar um blockchain que seja resistente à censura. Se está preocupado com outros participantes do comitê de arbitragem da rede, o Iroha também talvez não seja adequado — é necessário investigação adicional. Se você quer conhecer todos os participantes em seu blockchain, talvez o Iroha seja exatamente o que você está procurando.

Desenvolvendo apps móveis

DICA

Pule esta seção se você não faz parte do espaço de desenvolvimento de apps.

O Iroha é feito para desenvolvedores de apps web e móveis, para que possam acessar as vantagens dos sistemas Hyperledger. A equipe Iroha percebeu que ter um livro-razão distribuído não era útil se não houvesse nenhum aplicativo o utilizando.

O Iroha tem um caminho de desenvolvimento para os seguintes componentes C++ encapsulados:

- Acervo de consensos do Sumeragi.
- Acervo de assinaturas digitais Ed25519.
- Acervo de hashing SHA-3.
- Acervo de serialização de transações do Iroha.
- Acervo de transmissão P2P.

» Acervo de servidor API.
» Acervo iOS.
» Acervo Android.
» Acervo JavaScript.
» Navegador blockchain/conjunto de visualização de dados.

Um dos maiores obstáculos do mercado blockchain tem sido fabricar sistemas favoráveis ao usuário. O Iroha criou acervos de software de código aberto para iOS, Android e JavaScript e elaborou funções API comuns práticas para chamadas. Ainda está em fase inicial de desenvolvimento, mas o Iroha é um bom recurso para explorar casos de uso para empresas.

Mergulhando no Sawtooth Lake

O Sawtooth Lake, da Intel, é outro projeto de livro-razão distribuído no Hyperledger. Seu foco é ser uma plataforma altamente modular para construir novos livros-razão distribuídos para empresas.

No momento da escrita deste livro, a versão de lançamento tinha um software que estava somente *simulando* o consenso. Ele não oferecia segurança para seu projeto e só deveria ser utilizado para testar ideias novas.

O Sawtooth Lake não opera com uma criptomoeda. Ele mantém a segurança da plataforma permitindo que empresas criem blockchains privados. Depois, essas empresas que gerenciam blockchains privados compartilham o fardo das exigências computacionais da rede. Em sua documentação, o Sawtooth Lake indica que esse tipo de configuração assegurará acordo universal sobre o estado do livro-razão compartilhado.

O Sawtooth Lake pegou o modelo básico de blockchains e o virou de cabeça para baixo. A maioria dos blockchains tem três elementos:

» Um registro compartilhado do estado atual do blockchain.
» Um modo de inserir novos dados.
» Um modo de chegar a um acordo sobre esses dados.

O Sawtooth Lake funde os dois primeiros em um processo de sinalização chamado *transaction family* (família de transação). Esse modelo é melhor em casos de uso em que todos os participantes se beneficiam mutuamente por ter um registro adequado.

A Intel permitiu que seu software fosse flexível o suficiente para acomodar transações familiares personalizadas que refletem as exigências particulares de cada empresa. Ela também elaborou três modelos para construir ativos digitais:

- **EndPointRegistry:** Lugar para registrar itens em um blockchain.
- **IntegerKey:** Livro-razão compartilhado usado para gerenciamento de cadeias de suprimento.
- **MarketPlace:** Plataforma de comercialização blockchain para comprar, vender e negociar ativos digitais.

Explorando o algoritmo de consenso: Prova de Tempo Decorrido

O algoritmo de consenso para o Sawtooth Lake se chama Proof of Elapsed Time (Prova de Tempo Decorrido — PoET). Ele foi elaborado para rodar em uma área protegida do principal processador de seu computador, chamada trusted execution environment (ambiente de execução confiável — TEE). O PoET alavanca a segurança do TEE para provar que o tempo passou por meio de transações com marcas temporais.

Outros algoritmos de consenso também têm algum tipo de elemento com marcas temporais. A maneira com que asseguram que os registros não foram modificados é através da divulgação pública de seus blockchains, como prova de que não foram alterados. O livro-razão publicado age como testemunha pública que qualquer um pode reverter e verificar. É como publicar um anúncio em um jornal para provar que alguma coisa aconteceu.

O PoET também tem um sistema de loteria que funciona um pouco diferente de outros blockchains que usam proof-of-work. Ele seleciona aleatoriamente um nó do pool de nós validadores. A probabilidade de um nó ser selecionado aumenta de maneira proporcional à quantidade de recursos de processamento com que esse nó contribuiu para o livro-razão compartilhado. Medidas podem ser implementadas para impedir nós de jogarem no sistema e corromperem o livro-razão.

Implementando o Sawtooth

A Intel reuniu algumas documentações e tutoriais excelentes em `https://intelledger.github.io/tutorial.html` (conteúdo em inglês). Eles conduzem você pelo processo de configurar um ambiente de desenvolvimento virtual para um blockchain, e têm, inclusive, um para construir um Jogo da Velha blockchain. Você precisa estar familiarizado com o Vagrant e o VirtualBox para aproveitar as vantagens do que eles têm a oferecer.

DICA

Talvez você também queira rever o *Codificação Para Leigos*, de Nikhil Abraham (Alta Books), antes de experimentar esses tutoriais.

NESTE CAPÍTULO

» **Construindo novas aplicações**

» **Transpondo seus sistemas**

» **Autenticando novos sistemas**

» **Implementando um Ethereum particular**

Capítulo **10**

Aplicando o Microsoft Azure

Neste capítulo você tem uma amostra das inovações empolgantes que estão ocorrendo dentro da plataforma Azure, da Microsoft, e como essas mudanças podem aprimorar a eficiência de sua empresa e criar novas oportunidades para produtos e serviços.

Este capítulo o ajuda a competir por, colaborar com e prestar serviços a consumidores em uma economia mundial. A tecnologia blockchain está abrindo novos mercados e modificando modelos de negócios, e a a Microsoft está trabalhando duro para torná-la uma tecnologia acessível para negócios tradicionais.

Este capítulo também esclarece as pontes inovadoras que estão sendo construídas no blockchain para permitir que você conecte e represente em escala seus sistemas existentes. Você descobre como implementar seu próprio blockchain dentro do Azure e os elementos-chave para elaborar uma transição segura e descomplicada para sistemas blockchain em sua empresa.

Bletchley: A Estrutura Blockchain Modular

O Projeto Bletchley se concentra em oferecer blocks de construção arquitetônica para clientes empresariais dentro de um *ecossistema de consórcio blockchain* (redes permissionadas somente para membros, a fim de executarem contratos). A plataforma de estrutura blockchain Bletchley é alimentada pelo Azure, a plataforma computacional em nuvem da Microsoft. O Projeto Bletchley aborda o seguinte:

- Identidade digital
- Gerenciamento de chave privada
- Privacidade do cliente
- Segurança de dados
- Administração de operações
- Interoperabilidade de sistemas

No Projeto Bletchley, o Azure fornece a camada de nuvem para o blockchain, servindo como a plataforma na qual aplicações podem ser construídas e distribuídas. Haverá disponibilidade em 24 regiões do mundo. O Azure está combinando seus produtos tradicionais, como recursos híbridos em nuvem, portfólios extensos de certificação de conformidade e segurança de nível empresarial, em vários blockchains. A Microsoft quer facilitar aos clientes existentes a adoção da tecnologia blockchain, sobretudo em setores controlados, como serviços de saúde, financeiros e governamentais.

A Figura 10-1 mostra o projeto Blockstack Core v14 do Bletchley, uma nova web descentralizada de aplicativos server-less na qual usuários podem controlar seus dados.

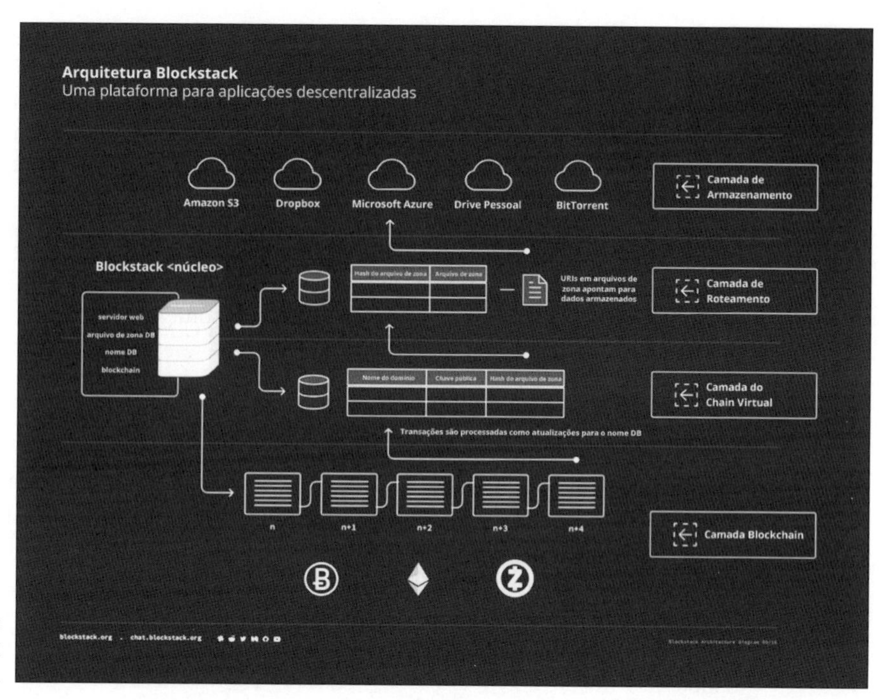

FIGURA 10-1: O Blockstack Core v14.

O Azure trabalhará com vários protocolos de blockchain. Eles são parte do projeto Hyperledger e de protocolos baseados em outputs de transação não gastos (UTXO* — *Unspent Transaction Outputs*). Isso significa que a plataforma Azure não utiliza criptomoedas e pode ser mais atraente a clientes de empresas. Eles também terão integração com protocolos mais sofisticados, inclusive o Ethereum, que utilizam criptomoeda para proteger a rede.

Cryptlets para criptografar e autenticar

O Projeto Bletchley se articula em torno de duas ideias:

- **Blockchain middleware:** Armazenamento em nuvem, gerenciamento de identidades, análises e aprendizagem automática.
- **Cryptlets:** Execução segura para interoperação e comunicação entre o Microsoft Azure, o ecossistema do Bletchley e sua própria tecnologia.

Cryptlets são feitos como componentes off-chaincode, compostos em qualquer linguagem, executados dentro de um contêiner confiável e comunicados através de um canal seguro. Cryptlets podem ser usados em contratos inteligentes e sistemas UTXO, quando é necessário funcionalidade ou informação adicional.

* Um sitema UTXO é análogo a pagar algo com cheque. Não é possível subdividir o valor de um cheque. Ao comprar algo, a transação é a entrega do valor integral do cheque, mais o recebimento do troco.

Cryptlets reduzem as diferenças em termos de segurança entre execução de programas on e offchain, operando quando é necessária informação de segurança adicional. Eles são o que permite que sua *customer relationship management* (gestão de relacionamento com o cliente — CRM) ou plataforma comercial se conecte ao seu armazenamento em nuvem e, então, fique protegida com o Ethereum, por exemplo.

O middleware do Bletchley trabalha em conjunto com os Cryptlets e os serviços atuais do Azure, como o Active Directory e o Key Vault, e outros ecossistemas de tecnologia blockchain, a fim de apresentar uma solução completa e assegurar a operação confiável de sua integração blockchain.

A Tabela 10-1 mostra a diferença entre um oracle e um Cryptlet, com base na apresentação Devcon 2 no Bletchley.

Cryptlets são elaborados por desenvolvedores e vendidos no marketplace do Bletchley. Eles abordam muitos conjuntos de diferentes funcionalidades que são essenciais para construir aplicativos com base em livros-razão distribuídos. O mercado está crescendo para suprir as demandas de clientes que precisam da funcionalidade necessária, como execução segura, integração, privacidade, gerenciamento, interoperabilidade e um conjunto completo de serviços de dados.

TABELA 10-1 **Cryplets versus Oracles**

	Cryptlets	Oracles
Requisitos de verificação	Requer verificação da confiança com um host confiável (HTTPS), uma chave Cryptlet confiável e uma assinatura enclave confiável.	Requer confiança, mas sem verificação formal.
Infraestrutura	Infraestrutura-padrão. Você obtém isolamento com base em hardware e atestado por meio de enclaves disponíveis mundialmente no Azure. Estruturas do kit de software Bletchley Cryptlet (SDK) (Utilidade e Contrato) estão disponíveis para ajudá-lo a começar rapidamente a criar e consumir Cryptlets.	Infraestrutura personalizada. Você pode redigir e hospedar separadamente. Estabelecer confiança é difícil. Oracles são específicos para cada plataforma, e atualmente a documentação é muito escassa.
Desenvolvedor	Muitas opções de linguagem estão disponíveis e funcionam com blockchain.	Ligados a seu próprio blockchain e poucas opções de linguagens.
Disponibilidade de marketplace	Marketplace disponível para publicação e descoberta.	Não há marketplace comum disponível para publicação e descoberta.

Utilidade e Cryptlets Contratuais e CrytoDelegates

Há dois tipos de Cryptlets:

- **Utilidade:** *Utility Cryptlets* (Cryptlets de Utilidade) fornecem criptografia, registro de data e hora, acesso a dados externos e autenticação. Eles criam transações mais sólidas e confiáveis.
- **Contrato:** *Contract Cryptlets* (Cryptlets de Contrato) são mecanismos de delegação total. Eles podem funcionar como agentes autônomos ou bots. Fornecem toda a lógica de execução que um contrato inteligente normalmente fornece, mas fora de um blockchain.

Contract Cryptlets são ligados a contratos inteligentes e criados quando seu contrato inteligente é publicado. Eles funcionam em paralelo com sua máquina virtual e têm desempenho superior ao de contratos inteligentes tradicionais construídos dentro de blockchains, porque não exigem tantas criptomoedas para executá-los. Em sua maioria, atraem usuários de blockchains sem criptomoedas, nos quais chaincode e contratos inteligentes são assinados por partes conhecidas.

A Figura 10-2 mostra uma imagem de um contêiner Cryplet e o caminho de comunicação segura para seu contrato inteligente.

O CryptoDelegates permite que Utility Cryplets e Contract Cryptlets funcionem. Eles funcionam como adaptadores, criando ganchos funcionais em suas máquinas virtuais de contratos inteligentes, e solicitam o Cryptlet a partir do código de seu contrato inteligente, o que, por sua vez, cria um envelope seguro e autêntico para transações.

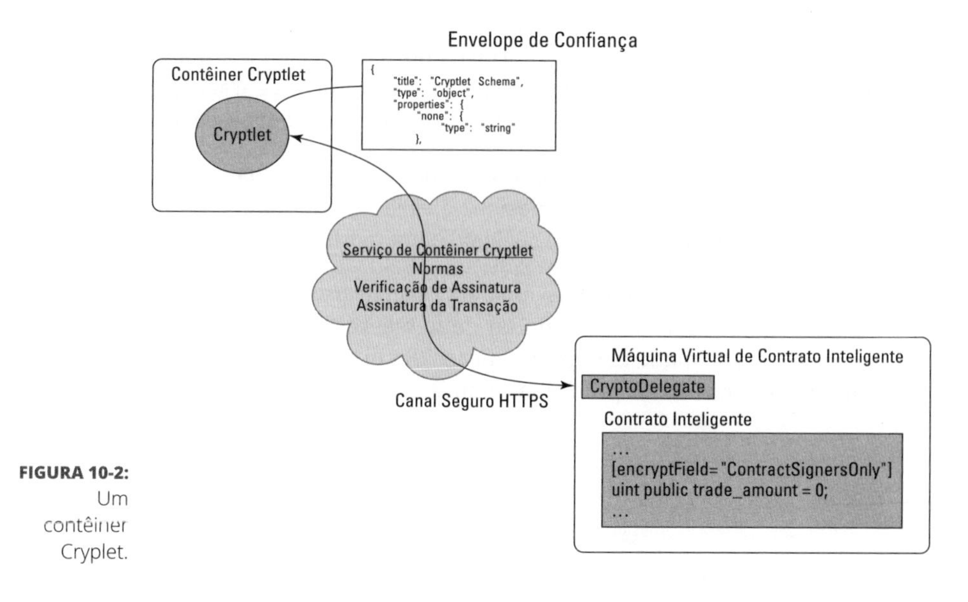

FIGURA 10-2: Um contêiner Cryplet.

Construindo no Ecossistema Azure

O Azure é um ecossistema digital e uma plataforma de computação em nuvem. Ele conecta empresas diretamente aos seus parceiros em nuvem e ao seu SaaS. Em troca, permite que as empresas transfiram seus dados de modo interconectado, confiável e seguro.

A plataforma em nuvem Azure da Microsoft é a segunda maior plataforma Infraestrutura como Serviço (IaaS). É um refúgio confiável e seguro para sua computação em nuvem e armazenamento de dados. No Azure, há um serviço conhecido como ExpressRoute, que proporciona aos clientes um modo de se conectar diretamente ao Azure. Em troca, isso impossibilita questões de desempenho e segurança amplamente vistos na internet pública.

Em 2015, a Microsoft decidiu expandir seu ecossistema Azure usando os sistemas de blockchain do Ethereum e do Hyperledger. A primeira oferta do Blockchain do Azure como um serviço é fornecida pelo Ethereum, que é uma estrutura de blockchain Turing completo para construir aplicativos. A Microsoft visa construir mais ofertas com base em tecnologia blockchain e no Hyperledger, e também está expandindo o marketplace do Azure, enquanto faz a transição para um portal para clientes no Azure.

O programa Azure Stack da Microsoft incorpora os Azure Quickstart Templates, que implementam os variados recursos do Azure com a ajuda do Azure Resource Manager, a fim de ajudá-lo a produzir mais. O Azure Resource Manager permite que clientes trabalhem com seus recursos empresariais como um grupo. Ele possibilita que implementem, deletem ou atualizem todos os recursos em suas soluções em uma operação única e coordenada.

Os Azure Quickstart Templates podem trabalhar para vários ambientes, como produção, montagem e testes. Através do Azure Resource Manager, clientes obtêm vários recursos para tagueamento, auditoria e segurança, e essas características ajudam os clientes a gerenciar seus recursos depois da implementação.

O Projeto Bletchley da Microsoft é sua arquitetura blockchain agregada a tecnologias empresariais estabelecidas que eles já estavam oferecendo. Ele proporciona ao Azure um blockchain backend e um marketplace.

O ecossistema do Bletchley é uma abordagem proposta pela Microsoft a fim de apresentar redes blockchain ou de livros-razão distribuídos a um público mais amplo, de maneira segura e eficaz. Eles querem ajudar a elaborar soluções autênticas e a analisar problemas empresariais reais.

ESCOLHENDO SEU TEMPLATE

O Quickstart Template é uma ferramenta projetada para tornar mais fácil para os usuários do Projeto Bletchley lançar um grupo blockchain privado. Atualmente há algumas dezenas de templates de blockchain que permitem lançar aplicativos blockchain no Azure. No futuro, mais templates estarão disponíveis.

A versão privada do Ethereum é uma das melhores em automatizar o processo. O step-it é um processo passo a passo no qual você pode selecionar os membros de seu consórcio, determinar o número de nós que cada usuário terá na rede e, então, distribuir geograficamente esses nós usando a nuvem do Azure para impulsionar a resiliência.

Iniciando o Chain no Azure

O Chain, que fornece soluções tecnológicas de blockchain, lançou a *Chain Core Developer Edition* (Edição de Desenvolvedor Chain) no Azure. A Chain Core Developer Edition é uma versão de código aberto e gratuita da plataforma de livro-razão distribuído da empresa que possibilita que você publique e também transfira ativos em redes blockchain autorizadas.

Através de sua rede de testes, seus desenvolvedores podem se juntar a uma rede blockchain ou começar uma, acessar tutoriais e documentações técnicos aprofundados e construir aplicativos financeiros. Eles também podem gerenciar seus próprios protótipos na rede de testes do Chain ou criar sua própria rede pessoal no Azure.

Instalando o livro-razão distribuído do Chain

A Chain Core Developer Edition acompanha amostras de código, um SDK Java e guias introdutórios. Além disso, vem com uma interface de painel de ferramentas e instaladores para Linux, Mac e Windows.

Siga estes passos para instalar sua Chain Core Developer Edition:

1. **Navegue para a página de instalação do Chain em** `https://chain.com/docs/core/get-started/install` (conteúdo em inglês).
2. **Escolha seu sistema operacional da lista.**
3. **Clique em Download.**

4. **Abra o programa Chain.**
5. **Execute o instalador Chain Core.**

O Chain tem um SDK disponível que proporciona a você e a seu desenvolvedor as ferramentas de desenvolvimento de software que permitem a criação de aplicativos e ativos blockchain.

Criando sua própria rede particular

Você pode criar uma rede particular Ethereum Consortium Blockchain no Azure. E pode conseguir fazer isso por conta própria, sem ajuda de um desenvolvedor. É só seguir estes passos:

1. **Inscreva-se ou faça login em sua conta no Azure.**

   Há uma opção de teste gratuita e uma pré-paga que torna mais fácil testar o Azure.

2. **Vá para** `https://goo.gl/Ixu5of` (conteúdo em inglês).
3. **Clique em Deploy to Azure (Instalar o Azure).**

   Os modelos Azure Resource Manager são elaborados por membros da comunidade Azure. A Microsoft não avalia segurança, compatibilidade ou desempenho.

4. **Preencha o formulário.**
5. **Clique em Purchase (Comprar).**

Parabéns! Agora você tem uma rede Ethereum Consortium Blockchain particular.

Usando serviços financeiros no Chain do Azure

O Chain lançou sua plataforma de desenvolvimento aberta e gratuita. Ela inclui uma rede de testes, que é operada pela Microsoft, pelo Chain e pela Iniciativa para Criptomoedas e Contratos (3CI). 3CI é a plataforma lançada pelo Chain que fornece soluções de tecnologia blockchain e é uma Chain Core Developer Edition.

Essa plataforma possibilita que você publique e transfira ativos em redes blockchain autenticadas. É uma aposta entre empresas financeiras líderes e o Chain. Várias aplicações financeiras podem ser desenvolvidas pelo Chain Core.

O plano é lançar muitos novos produtos inovadores nessa plataforma. O leque abrange pagamentos, atividades bancárias, seguros e mercado de capitais. Além disso, a Visa fez parceria com o Chain a fim de desenvolver um jeito seguro, rápido e simples de processar pagamentos business-to-business (de empresa para empresa — B2B) no mundo todo.

Instalando Ferramentas Blockchain no Azure

O Azure tem várias outras implementações úteis de tecnologia blockchain e ferramentas que talvez você ache práticas. Nesta seção abranjo quatro das principais ferramentas e projetos blockchain do Azure, incluindo sua instalação Ethereum; Cortana, uma ferramenta analítica de aprendizado automático; a ferramenta de visualização de dados do Azure, Power BI; e sua ferramenta Active Directory (AD). As últimas três não são especificamente ferramentas blockchain, mas podem ser usadas com seu projeto blockchain Azure.

Esta seção dá a você uma ideia do que é possível construir com o Azure e algumas das ferramentas disponíveis para tornar seu projeto um sucesso.

Explorando o Ethereum no Azure

O blockchain do Ethereum agora está disponível como um serviço da plataforma Azure da Microsoft. Essa iniciativa é oferecia pela Consensys e pela Microsoft, em parceria. O Solidity é um novo projeto que eles criaram e que lhe permite começar a construir seu aplicativo descentralizado no Ethereum. Descubra mais em `https://marketplace.visualstudio.com/items?itemName=ConsenSys.Solidity` (conteúdo em inglês).

O Blockchain Ethereum como um Serviço (EBaaS) possibilita a desenvolvedores de empresas e clientes desenvolver um ambiente blockchain em nuvem e que pode ser lançado com apenas um clique.

Quando você está instalando o blockchain do Ethereum no Azure, inicialmente o Azure oferece duas ferramentas:

- **BlockApps:** Ambiente semiparticular e particular do blockchain do Ethereum.
- **Ether.Camp:** Ambiente desenvolvedor integrado.

BlockApps também podem ser instalados no ambiente público do Ethereum. Essas ferramentas permitem um desenvolvimento rápido de aplicações com base em um contrato inteligente.

O Ethereum é um sistema flexível e aberto, que pode ser customizado de acordo com as necessidades variadas dos clientes. Leia mais sobre o Ethereum no Capítulo 5.

Cortana: Sua ferramenta automática de aprendizagem

A Cortana é uma poderosa ferramenta analítica equipada com aprendizagem automática com base em sistemas de nuvem. É um serviço em nuvem totalmente gerenciado, que possibilita aos usuários construir com facilidade e rapidez, organizar e compartilhar soluções de análise preditiva. Ela proporciona muitos benefícios aos clientes.

Ao examinar a análise apresentada pela Cortana Intelligence, você pode entrar em ação mais depressa que seus concorrentes, prevendo o próximo grande evento. Esse software flexível e rápido permite que você elabore soluções rápidas para seu negócio, personalizadas de acordo com suas necessidades particulares.

Além do mais, a ferramenta de aprendizagem Cortana é segura e escalável. A Cortana oferece valores de dados, independentemente da complexidade e do tamanho dos dados. E, acima de tudo, permite que você interaja com *smart agents* (agentes inteligentes), para que possa se aproximar de seus clientes de maneira mais natural, prática e útil. A Cortana Intelligence Suite é útil em vários setores, inclusive manufatureiro, serviços financeiros, varejo e serviços de saúde.

Visualizando seu dados com o Power BI

O Power BI, oferecido pela Microsoft, é um serviço eficaz com base em sistema de nuvem. Ele abrange os mais recentes serviços e ferramentas de inteligência empresarial da Microsoft. Esse serviço dá assistência a cientistas de dados na visualização e no compartilhamento de insights a partir dos dados de suas organizações.

O curso de visualização de dados Power BI, oferecido online pela edX, é parte do *Professional Program Certificate in Data Science* (Certificado Profissional em Programação em Ciência de Dados) da Microsoft. Esse serviço com base em nuvem está ganhando rápida popularidade entre cientistas de dados profissionais.

O Power BI ajuda você a visualizar e conectar seus dados. Nesse curso, alunos aprendem como conectar, importar, transformar e moldar seus dados para inteligência empresarial. Além disso, o curso Power BI o ensina como criar dashboards e compartilhá-los com usuários corporativos em dispositivos móveis e na web.

Gerenciando seu acesso no Active Directory do Azure

O Active Directory (AD) do Azure é uma solução de acesso amplo e de gerenciamento de identidades. Ele fornece uma vasta gama de facilidades, que lhe permitem supervisionar o acesso a recursos e aplicações em nuvem e on-premises.

Isso inclui vários serviços online da Microsoft, como o Office 365, além de numerosos aplicativos SaaS que não são da Microsoft.

Uma das principais características do AD do Azure é que você pode manusear o acesso a seus recursos. Esses recursos podem ser externos ao diretório, como aplicações Software como um Serviço (SaaS), recursos on-premises de sites SharePoint e serviços Azure, ou podem ser internos ao diretório, como permissões para gerenciar objetos por intermédio de funções de diretório.

NESTE CAPÍTULO

» **Preparando-se para apps blockchain de inteligência artificial**

» **Construindo seu Fabric da IBM**

» **Criando contratos inteligentes**

» **Instalando uma solução Internet das Coisas**

Capítulo 11

Mãos à Obra no IBM Bluemix

Neste capítulo apresento você às iniciativas em blockchain da IBM, que a empresa está mesclando a outras tecnologias inovadoras, como a Bluemix, uma Plataforma como Serviço (PaaS) completa para a construção de aplicativos, e o Watson, seu supercomputador.

A tecnologia blockchain cria uma troca de valor quase sem atritos, e a inteligência artificial acelera a análise de quantidades imensas de dados. A mistura dos dois recursos será uma mudança de paradigma que afeta a maneira como fazemos negócios e protegemos nossos dispositivos eletrônicos conectados.

Se está envolvido com Internet das Coisas (IoT), serviços de saúde, armazenagem, transporte ou setores logísticos, você tirará proveito das informações deste capítulo. Da mesma forma, se é um empreendedor e gostaria de aprender novas habilidades que vêm com a integração de inteligência artificial (AI) e blockchain em uma plataforma de app escalável, este capítulo é para você.

Blockchain de Negócios no Bluemix

Hoje, a IBM está oferecendo tecnologia blockchain integrada a suas ofertas tradicionais, como o IBM Bluemix. O Bluemix é um PaaS de padrões abertos e baseado em nuvem para construir e gerenciar aplicativos. A IBM integrou um stack de blockchain do Hyperledger, que é parte da fundação Lynx, e está definindo as melhores práticas em tecnologia blockchain.

Você vai querer se preparar para mudanças rápidas e substanciais dentro das iniciativas blockchain da IBM. A tecnologia é muito nova e ainda está sob incubação, dentro da IBM e do Hyperledger.

O Hyperledger tem vários subprojetos diferentes em desenvolvimento. No momento da escrita deste livro, a IBM estava usando o Fabric, mas talvez abra o Bluemix para outros projetos. O Fabric é em código aberto e está sob desenvolvimento ativo dentro do Hyperledger. Ainda não está totalmente pronto para fins comerciais — neste momento, está em estado de incubação.

Você pode começar a testar o Fabric no Bluemix usando o Hyperledger Fabric v0.6. Entretanto a IBM alerta sobre executar quaisquer transações úteis diretamente no Fabric v0.6 ou em qualquer outra versão mais antiga.

Seu ambiente isolado

O Bluemix é a mais nova oferta em nuvem da IBM. É uma implementação da arquitetura aberta em nuvem da IBM com base no Cloud Foundry, um PaaS de código aberto.

O Bluemix possibilita que você elabore aplicativos rápida e facilmente, implemente-os e gerencie-os, e ele oferece serviços de nível empresarial que podem se integrar a aplicativos, sem necessidade de saber como instalá-los ou configurá-los.

A Figura 11-1 mostra como a IBM relaciona aspectos diferentes do blockchain e de sistemas IBM. Você pode descobrir mais em `https://goo.gl/12Q6no` (conteúdo em inglês).

O IBM Bluemix proporciona quatro coisas principais:

- » Infraestrutura computacional com base nas necessidades arquitetônicas de seus apps.
- » A capacidade de implementar apps em uma nuvem Bluemix pública ou dedicada.

- Dev tooling (ferramentas de desenvolvimento), como editores de códigos e gerenciadores.
- Acesso a ferramentas de código aberto de terceiros em sua seção de serviços.

O Bluemix lhe dá tudo aquilo de que precisa para construir seu app, e agora também está oferecendo infraestrutura blockchain para teste.

Eles têm um serviço para integrar seus aplicativos ao blockchain do Bluemix. No momento da escrita deste livro havia dois modelos tarifários. Uma conta gratuita lhe dá aquilo de que precisa para testar sua ideia. Você obtém quatro *peers* (pontos) e uma autoridade *cert* para assinar transações, assim como um painel com registros, controles e APIs. Você também obtém amostras de apps com um código-fonte para experimentar.

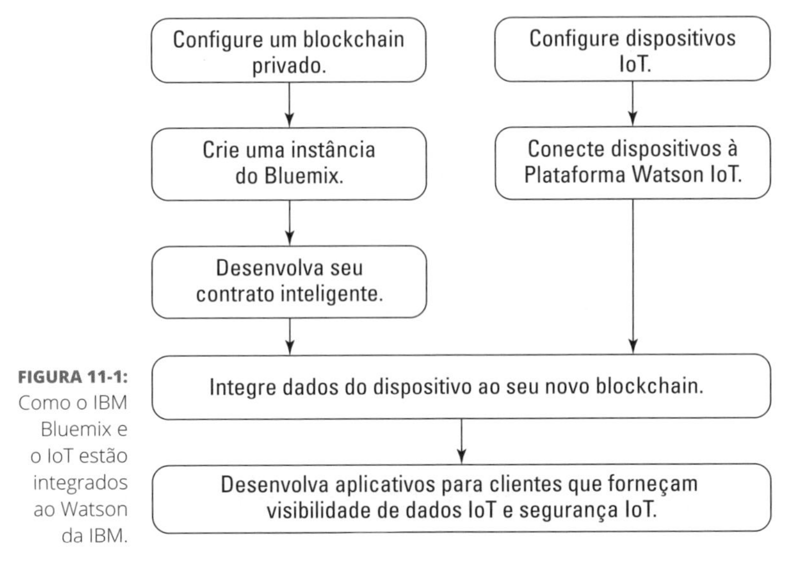

FIGURA 11-1: Como o IBM Bluemix e o IoT estão integrados ao Watson da IBM.

O preço do plano empresarial é de US$10.000,00 por mês, e ele oferece maior segurança e velocidade que o modelo gratuito.

Casos de uso do Bluemix

Dois notáveis pioneiros empresariais estão usando o Bluemix e a integração Hyperledger Fabric:

- **Wanxiang:** A maior companhia de componentes automotivos com sede na China, a Wanxiang está trabalhando com a IBM para implementar um blockchain privado. Eles estão incorporando direitos de propriedade em coisas como carros elétricos, com o objetivo é reduzir os custos de equipamentos de locação para consumidores. A Wanxiang usará essa tecnologia blockchain para rastrear a vida útil dos componentes e reparar baterias usadas, e o Bluemix tomará conta de todo o resto.

- **KYCK!:** A startup KYCK! de tecnologia financeira (fintech) está utilizando a integração blockchain da IBM como um meio inédito de abordar as necessidades para mediação do tipo "conheça seu cliente" (KYC). Essa despesa é limitante e cara para bancos e outros serviços financeiros. O KYC é feito para evitar lavagem de dinheiro e negócios ilícitos, e para combater terrorismo. A KYCK! está elaborando uma plataforma de videoconferência e envio de documentos criptografados, e isso permitirá que corretoras trabalhem com ela e validem clientes que a empresa não conheceu pessoalmente.

A IBM também construiu três aplicativos simples em Chaincode que permitem que você brinque com a rede Blockchain da IBM:

- **Marbles:** O Marbles é um aplicativo que demonstra transferência de marbles entre dois usuários. Ele o permite ver como você pode movimentar ativos em um blockchain.
- **Commercial Paper:** O Commercial Paper é uma rede blockchain de negócios implementada no Blockchain da IBM. Você pode criar novos papéis comerciais para comercializar, comprar e vender negociações atuais e fiscalizar a rede.
- **Car Lease:** O Car Lease se parece muito com a demonstração do Marbles. Ele é projetado para permitir que você interaja com os ativos. Você pode criar, atualizar e transferir. Também permite que uma terceira parte visualize o histórico.

O Blockchain Inteligente do Watson

O Watson, o supercomputador da IBM, também está disponível na plataforma Bluemix. Ele é um sistema computacional de computação cognitiva artificialmente inteligente que pode analisar dados estruturados e, o que é mais surpreendente, não estruturados, em uma velocidade impressionante.

CUIDADO

Essa tecnologia ainda está se desenvolvendo, e clientes se queixam de sua capacidade real de entender linguagem escrita não estruturada.

O Watson pode responder a questões propostas por intermédio de linguagem natural e aprender à medida que absorve mais informação. A consequência dessa tecnologia, quando aliada à tecnologia blockchain, é impactante. Uma das primeiras implementações é dentro do espaço IoT. Há uma forte necessidade de proteger dados emitidos desses dispositivos e, então, torná-los acionáveis e inteligentes.

A computação cognitiva do Watson está simulando processos do pensamento humano e usando o protocolo MQTT. Como a mente humana, ele se expande com o tempo. Seu sistema de autoaprendizagem usa mineração de dados, reconhecimento de padrões e processamento de linguagem natural para simular o modo como seu cérebro funciona. O Watson processa a um índice de 80 teraflops por segundo (um teraflop equivale a um trilhão de operações em ponto flutuante). Contextualizando, isso reproduz — e, em alguns casos, ultrapassa — a capacidade humana altamente funcional de responder a perguntas. O Watson é capaz de fazer isso acessando 90 servidores com um armazenamento de dados combinado de mais de 200 milhões de páginas de informações, as quais ele processa mediante seis milhões de regras lógicas. O Watson tem o tamanho de cerca de dez geladeiras, mas está ficando menor e mais rápido.

A Figura 11-2 mostra como o Watson da IBM relaciona aspectos diferentes de blockchain e de sistemas da IBM. Mergulhe mais fundo na IBM em `https://goo.gl/12Q6no` (conteúdo em inglês).

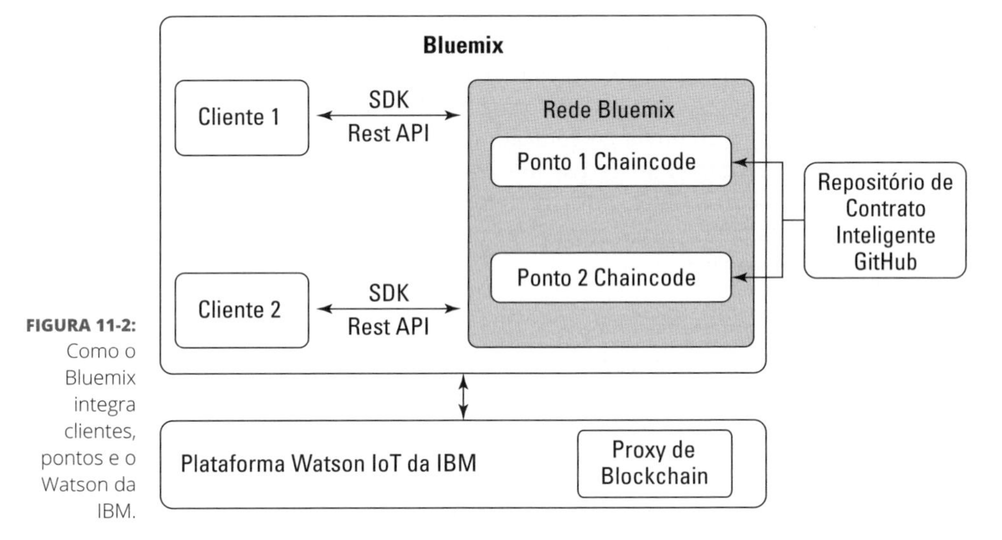

FIGURA 11-2: Como o Bluemix integra clientes, pontos e o Watson da IBM.

A IBM está aplicando esses incríveis recursos a feeds de dados IoT que utilizam implementação em Chaincode. O Chaincode é um sistema de contratos inteligentes do Hyperledger. Aqui está a maneira como o blockchain para dispositivos IoT ativados pelo Watson funcionará:

- Dispositivos IoT enviam dados a seus livros-razão particulares de blockchain para inclusão em transações compartilhadas como um registro inviolável, com marcas de tempo.
- Parceiros e provedores de serviço de terceiros também podem acessar e abastecer dados IoT, sem necessidade de controle e gerenciamento centrais.
- Todas as partes podem assinar e verificar dados, limitar disputas e assegurar que cada parceiro está sendo responsabilizado por seus desempenhos individuais.

Essa é uma implementação simples que não usufrui de toda a funcionalidade e potencialidades do Watson. A capacidade do Watson de aprender e fazer sugestões, bem como de atualizar informações ultrapassadas, certamente vai torná-lo, no futuro, um aplicativo poderoso ativado por blockchain.

Você pode integrar a Plataforma IoT do Watson com o Fabric do Hyperledger. Essa integração permite que você execute contratos de Chaincode por meio de oracles de computação cognitiva. A plataforma IoT do Watson tem uma capacidade interna que deixa você acrescentar dados IoT selecionados em seu próprio blockchain particular para criar um oracle. Isso o ajuda a proteger os dados de serem vistos por terceiros não autorizados.

Quando você define um espaço de trabalho Bluemix, é possível acrescentar serviços seletivos, incluindo a Plataforma IoT, que integra várias tecnologias. O Fabric é a tecnologia blockchain que fornece a infraestrutura de blockchain particular para pontos distribuídos, que reproduzem os dados dos dispositivos e validam a transação através de contratos seguros.

A Plataforma IoT do Watson transforma dados de dispositivos existentes (de um ou de mais tipos de dispositivos) no formato de que os APIs do contrato inteligente necessitam. A Plataforma IoT do Watson filtra dados de dispositivos irrelevantes e só envia ao contrato os dados solicitados. A Figura 11-3 mostra como o Watson da IBM se integra a dispositivos IoT e APIs. O Watson age como o oracle do Chaincode e permite que você controle quais informações são conhecidas pelas partes envolvidas no contrato. Essa funcionalidade é importante para a privacidade.

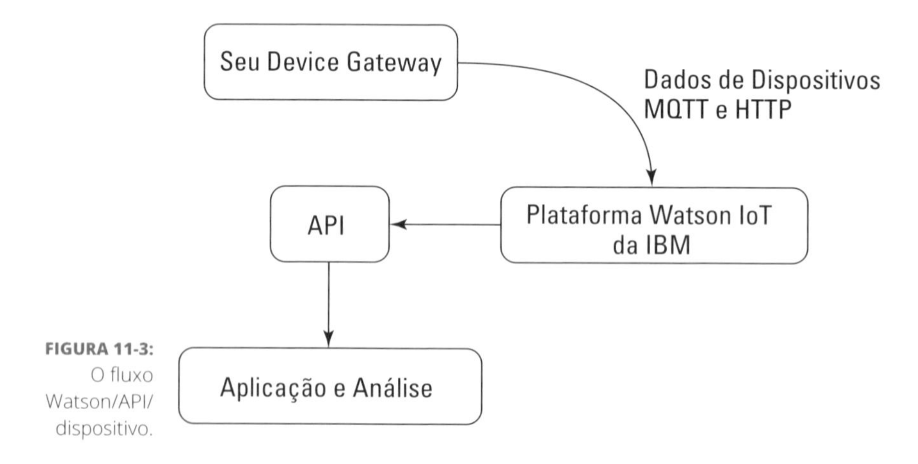

FIGURA 11-3: O fluxo Watson/API/dispositivo.

Construindo Sua Rede de Entrada no Big Blue

A tecnologia blockchain e a Plataforma IoT da IBM oferecem novas ferramentas promissoras, que podem ser potencializadas para abordar muitos problemas de empresas que estão tentando dimensionar:

- » **Segurança:** O imenso volume de dados coletados de milhões de dispositivos traz à tona preocupações com a privacidade das informações. Do mesmo modo, dispositivos IoT invadidos foram usados por organizações desonestas para paralisar sites com ataques distribuídos de negação de serviço.
- » **Custo:** O alto volume de mensagens, dados gerados pelos dispositivos e processos analíticos está aumentando à medida que mais dispositivos ficam online e utilizam esses dados.
- » **Arquitetura:** Plataformas em nuvem centralizadas continuam sendo um entrave a soluções IoT completas e um ponto principal de ataque.

Redes IoT distribuídas da IBM com base em padrões abertos podem resolver muitos dos problemas associados às soluções IoT em nuvem e centralizadas de hoje em dia. Dispositivos conectados se comunicam diretamente com livros-razão distribuídos. Então dados desses dispositivos são usados por terceiros para executar contratos inteligentes, reduzindo a necessidade de monitoramento humano.

A Plataforma IoT do Watson da IBM, aliada a uma integração com o Fabric, reproduz dados por meio de uma rede blockchain particular e elimina a necessidade de ter todos os dados IoT coletados e armazenados de forma centralizada. Redes blockchain descentralizadas também aprimoram a segurança de dispositivos IoT. Com o tempo, identidades digitais únicas são construídas para cada dispositivo. Essa nova maneira de criar e proteger identidades é excepcionalmente difícil de falsificar.

Essas novas identidades blockchain permitem que dispositivos IoT assinem transações que possibilitam executar contratos inteligentes. Uma aplicação prática disso seria um produto segurador que se alimentou de dados de um carro inteligente sobre o comportamento de indivíduos diferentes ao volante. O carro enviaria dados para serem publicados no Fabric, e então o produto segurador construído com o Chaincode reconheceria os novos dados e a identidade de seu carro e atualizaria sua apólice.

As possibilidades são quase infinitas, e a IoT apresentou oportunidades significativas para empresas e clientes, sobretudo nas áreas de serviços de saúde, armazenagem, transporte e logística.

Há três níveis principais de soluções IoT com base em nuvem da IBM que correspondem às necessidades de diferentes problemas de empresas IoT:

» **Devices Gateway:** O Device Gateway é para dispositivos inteligentes ou sensores que coletam dados sobre o mundo físico. Poderiam ser coisas como sensores climáticos, monitoramento de temperatura para contêineres refrigerados ou dados estatísticos vitais para um paciente. Esses dispositivos IoT enviam os próprios dados pela internet para análise e processamento.

» **Plataforma IoT Watson da IBM:** A IBM combina seu supercomputador com sua Plataforma IoT para coletar dados de dispositivos IoT e então analisa os dados e toma atitudes subsequentes para resolver problemas. O Watson proporciona aprendizagem de máquina, raciocínio automático, processamento de linguagem natural e análise de imagens que aprimoram a capacidade de processar os dados não estruturados coletados dos sensores.

» **IBM Bluemix:** O Bluemix é uma plataforma em nuvem com base em padrões abertos para construir, rodar e gerenciar aplicativos e serviços. Ele suporta aplicativos IoT ao facilitar a inclusão de habilidades analíticas e cognitivas nesses aplicativos.

É fácil criar e configurar sua estrutura Blockchain da IBM. Você nem mesmo precisará da ajuda de seu desenvolvedor! Quando tiver terminado de configurar seu blockchain, pode integrá-lo à Plataforma IoT do Watson. Siga estes passos para iniciá-lo em poucos minutos:

1. **No painel da conta do Bluemix, clique em Use Services or APIs (Serviços de Uso ou APIs).**
2. **Na seção Application Services (Serviços de Aplicação) do catálogo de serviços, clique em Blockchain.**
3. **Verifique suas seleções de blockchain.**
   - **Verifique seu espaço.** Se você tem mais que o dev space predefinido, confira se está implementando o serviço no espaço previsto.
   - **Verifique seu app.** Deixe-o sem restrições.
   - **Verifique seu nome de serviço.** Mude o nome para algo que seja fácil de lembrar.
   - **Verifique seu plano selecionado.** Selecione o plano gratuito.
4. **Clique em Create (Criar).**

Seu Blockchain da IBM implementará o Bluemix e lhe dará dois peer nodes inicialmente.

Há um potencial imenso para desenvolver aplicativos IoT econômicos usando blockchain. Livros-razão distribuídos com contratos inteligentes embutidos podem aprimorar segurança e confiabilidade e automatizar processos. A

Plataforma IoT Watson da IBM pode ser combinada com serviços blockchain com base no Bluemix a fim de fornecer uma plataforma pronta para usar para aplicativos IoT com base em blockchain e de padrões abertos.

DICA

O desenvolvimento e a verificação dessas implementações são simples, mas exigirão o apoio de um desenvolvedor.

Siga estes passos para configurar seu primeiro projeto:

1. **Configure sua estrutura blockchain particular no Bluemix.**

   Você precisa de um desenvolvedor para configurar a integração de seu blockchain particular com base no serviço Blockchain da IBM.

2. **Desenvolva e implemente contratos inteligentes no blockchain com base em dados de dispositivos.**

   Um exemplo disso seria ter um contrato de modificação de pagamento dos envios de bens, se eles foram entregues depois da data limite.

3. **Conecte seus dispositivos à Plataforma IoT Watson da IBM.**

   É preciso que seu desenvolvedor conecte os sensores/gateway à Plataforma IoT Watson. Feito isso, os dispositivos IoT enviarão a seu blockchain os dados para serem filtrados, agregados e publicados.

4. **Integre seus dados do dispositivo IoT ao livro-razão distribuído do blockchain.**

   Faça seu desenvolvedor integrar a Plataforma Watson IoT para que ela possa enviar dados aos serviços Blockchain da IBM rodando no Bluemix.

5. **Instale seu monitoramento UI.**

   a. Habilite o blockchain na aba Settings (Configurações).

   b. Configure a conexão ao serviço Blockchain.

   c. Clique no botão Add (Adicionar) e preencha os detalhes do serviço Blockchain na caixa de dialogo pop-up.

   d. Confirme todas as suas modificações.

   e. Selecione o menu blockchain para mapear os dados dos dispositivos. Talvez você precise da ajuda de seu desenvolvedor aqui.

   f. Siga o assistente e forneça as inserções solicitadas para finalizar o mapeamento dos dados de dispositivos para o contrato blockchain.

6. **Chaincode ID implantado.**

   Quando os dados em tempo real chegam, contratos inteligentes são executados nos dados. Com base no resultado, uma transação é completada e registrada no livro fiscal digital e, então, compartilhada com todos os peers (pontos).

7. **Desenvolva aplicativos para clientes para usuários finais.**

   Alguns desafios precisam ser superados no sistema IBM e no desenvolvimento recente do blockchain IoT. Muitos dispositivos IoT têm capacidade de processamento limitada ou são difíceis de modificar. Criptografar e verificar dados exige capacidade de processamento e pode causar problemas na vida útil da bateria.

Agora você pode criar seu próprio contrato Chaincode. Talvez precise da ajuda de seu desenvolvedor, porque isso exige usar o GitHub e o GoLang. Aqui está um resumo de alto nível do processo para que você possa examinar as necessidades desse tipo de projeto:

1. **Crie um projeto GitHub.**

   Esse é o local onde você armazenará seus contratos inteligentes.

2. **Configure um desenvolvimento Hyperledger local e um ambiente de testes.**

   Você precisa instalar algumas coisas em seu computador, incluindo Docker, Pip, Git client, Go, e Xcode para usuários do Mac. Reveja o Capítulo 3 para instruções sobre como configurar o Docker.

3. **Baixe a amostra de contratos inteligentes da IBM.**

   Esse passo é opcional, mas tornará mais fácil a construção de seu primeiro contrato.

4. **Crie um contrato inteligente de teste.**
5. **Elabore seus contratos executáveis.**

   Seu contrato precisa se converter em um executável. A amostra tem os contratos executáveis integrados a ela.

6. **Teste o contrato na sandbox do Hyperledger.**
7. **Implemente o contrato no GitHub.**

Parabéns! Você configurou seu contrato IBM. Você pode retornar mais tarde e fazer um mapa do contrato para um dispositivo IoT no painel de seu Bluemix.

4 Impactos Industriais

NESTA PARTE...

Entenda o futuro da indústria de serviços financeiros quando se utiliza tecnologia blockchain para movimentar dinheiro no mundo todo de maneira rápida e econômica.

Esclareça o que você sabe sobre o mercado imobiliário mundial relacionado à tecnologia blockchain.

Identifique oportunidades no setor de seguros para reduzir fraude e aumentar lucros através de novos instrumentos de seguro.

Examine as implicações industriais de sistemas permanentes no âmbito de organizações governamentais e quadros jurídicos.

Esclareça outras grandes tendências mundiais em tecnologia blockchain e como elas moldarão o mundo em que você vive e as ferramentas diárias que usa.

NESTE CAPÍTULO

» Descobrindo futuras tendências bancárias mundiais

» Revelando novos veículos de investimento

» Divulgando os riscos no blockchain bancário

» Desenvolvendo novas estratégias financeiras

Capítulo 12

Tecnologia Financeira

Os primeiros a adotar a tecnologia blockchain foram bancos, governos e outras instituições financeiras — e eles também são os usuários de blockchain que crescem mais rápido. As ferramentas eficazes que estão sendo construídas para administrar e movimentar dinheiro remodelarão nosso mundo de maneiras novas e inesperadas, então faz sentido que a tecnologia financeira (fintech) suba a bordo.

Este capítulo dá a você a informação em primeira mão sobre o que os governos atualmente estão fazendo com a tecnologia blockchain e como isso vai afetá-lo. A fintech entra em contato com sua vida todos os dias, esteja você ciente disso ou não.

Neste capítulo apresento tendências bancárias futuras, novas legislações e as novas ferramentas que podem ajudá-lo a movimentar dinheiro de maneira mais rápida e mais econômica. Também esclareço novos tipos de veículos de investimento e outras inovações em blockchain. Por fim, alerto você sobre potenciais riscos de investimentos envolvendo moeda virtual e novos produtos financeiros viabilizados por tecnologia blockchain.

Puxando Sua Bola de Cristal: Tendências Bancárias Futuras

Os bancos foram o primeiro setor a reconhecer a ameaça do Bitcoin e, depois, o potencial do blockchain para transformar a indústria. O setor bancário é altamente regulamentado, e as taxas para organizar e operar como um banco são caras. Essas regulamentações severas foram um escudo isolante e protetor para toda a indústria, e também um fardo. A aplicação de dinheiro rápido, eficiente e digital que não carregue os encargos de manusear dinheiro e que seja rastreável à medida que se movimenta pelo sistema financeiro era uma proposta inebriante e ameaçadora. A ideia de que valores podem ser mantidos fora do controle de autoridades centrais também instigou o interesse de instituições financeiras e governos que respaldam moedas.

Inicialmente, essas instituições financeiras e governos tentaram abafar o blockchain com regulamentações. Hoje estão adotando o blockchain através de investimento em todos os setores.

Em 2013 e 2014, a Comissão de Valores Mobiliários dos Estados Unidos (SEC — *Securities and Exchange Comission*) emitiu um alerta a investidores sobre os potenciais riscos de investimentos envolvendo moeda virtual. O alerta era o de que investidores poderiam ser seduzidos pela promessa de retornos altos e não fossem céticos o suficiente em relação ao novo espaço de investimento tão inovador e pioneiro. De acordo com a SEC, moedas digitais eram uma das dez principais ameaças a investidores. Hoje a SEC está pronta para colaborar com empresas e investidores, à medida que criptomoedas ganham força em todos os setores.

Nem dois anos depois, países do mundo todo — incluindo Reino Unido, Canadá, Austrália e China — começaram a investigar como poderiam criar suas próprias moedas digitais, confiscar criptomoedas para si mesmos e colocar dinheiro no blockchain. O ponto de virada foi quando começaram a perceber que os benefícios começavam a compensar os riscos. O Bitcoin tinha sido capaz de enfrentar invasores durante vários anos, mesmo quando muitos sistemas governamentais foram comprometidos, tornando-o um sistema atraente para experimentar. Inovações em tecnologia blockchain prometeram dar conta de lidar com os bilhões de transações necessárias para apoiar economias, tornando viável uma criptomoeda em escala.

Blockchains são, em si mesmos, registros permanentes e inalteráveis de cada transação. Colocar a massa monetária de um país em um blockchain controlado por um banco central seria totalmente transformador, porque haveria um registro permanente de cada transação financeira existente, em algum nível, dentro do registro em blockchain, mesmo quando não fossem visíveis ao público. A tecnologia blockchain e moedas digitais reduziriam o risco de fraude e lhe dariam a tutela suprema na execução de política monetária e taxação. Não seria anônimo como o Bitcoin foi no começo. Na verdade, totalmente o oposto: permitiria a ele um rastreio completo e fiscalizável de cada transação digital feita por pessoas e empresas. Poderia, inclusive, permitir que bancos centrais substituíssem a função comercial dos bancos de circular dinheiro.

A questão sobre como será o futuro para o setor bancário pode ser assustadora e empolgante. Clientes, agora, podem pagar amigos através de seus telefones quase instantaneamente, em quase qualquer tipo de moeda ou criptomoeda. Cada vez mais varejistas começaram a utilizar criptomoedas como meio de pagar por mercadorias e aceitar pagamentos de clientes. No Quênia, usar criptomoeda é mais comum que não usar. Mas essa ainda não é a opção padrão para a maior parte do mundo. Mercados ocidentais ainda estão na fase inicial de adoção.

Considerando que a maioria das pessoas têm seus patrimônios retidos em moeda corrente expedida por governos ou retidos em ativos dentro de sistemas governamentais em vigor, inovações fintech precisam se mesclar a esses sistemas em vigor antes que vejamos a utilidade tradicional do blockchain ou das moedas digitais. Se legisladores encontrarem meios de taxar e registrar contas, a adoção em massa de carteiras voltadas para clientes com tokens digitalizados estará dois ou três anos à frente.

O mercado *business-to-business* (de empresa para empresa) começará a utilizar blockchain muito mais rápido. Um sistema solidificado pela produção com as políticas e operações solicitadas está a menos de dois anos. O Ripple e o R3, entre outros, trabalham duro para tornar isso possível. Esses sistemas focarão primeiro a criação institucional de representações digitalizadas de depósitos. Esses são IOUs* entre departamentos de organização interna e entre parceiros confiáveis, como fornecedores. Legisladores, bancos centrais e autoridades monetárias estão todos investindo maciçamente para tornar isso possível. Canadá e Singapura têm se mexido bem rápido.

Regulamentações conheça seu cliente (KYC) e antilavagem de dinheiro (AML) exigem que bancos saibam com quem estão fazendo negócio e asseguram que não estejam participando de lavagem de dinheiro ou terrorismo. Bancos que emitem criptomoeda ainda têm desafios significativos para superar primeiro. A fim de permanecer em conformidade com as regulamentações KYC e AML, eles precisam saber a identidade de todas as pessoas utilizando sua moeda. Em muitos casos, as contas bancárias das pessoas já têm serviço de débito e crédito de transações, como livros-razão distribuídos em blockchains, com a exceção de que são centralizados. Os primeiros candidatos nessa área serão regiões em que legisladores, bancos e bancos centrais trabalhem juntos. Singapura e Dubai são bons candidatos que já têm iniciativas blockchain.

* *I owe you*, literalmente, "eu devo a você".

Movimentando mais rápido o dinheiro: Além-fronteiras e mais

É difícil avaliar o volume de transações necessárias a serem cumpridas por um blockchain operando a moeda de uma economia como o Reino Unido ou os Estados Unidos. Só os Estados Unidos estão processando bilhões de transações por dia e mais de US$17 trilhões em importância por ano. É responsabilidade demais para uma tecnologia nova! O país ficaria arruinado se esse suprimento monetário fosse comprometido.

O Fundo Monetário Internacional, o Banco Mundial, o Banco de Compensações Internacionais e banqueiros centrais do mundo todo se encontraram para discutir a tecnologia blockchain. O primeiro passo rumo a um dinheiro mais rápido e mais barato seria adotar um blockchain como o protocolo para facilitar transferências bancárias e compensações entre bancos. Moedas digitais oficiais que cidadãos comuns usam diariamente viriam muito mais tarde.

Clientes individuais não sentiriam diretamente a redução no custo de utilizar um blockchain para compensações entre bancos. As poupanças seriam vistas na linha de base do banco como redução de custos para taxas cobradas por intermediários.

Clientes ainda vão querer pontos de comércio e bancos comerciais em um futuro próximo. Mas millennials já adotaram pagamentos ativados por app através do PayPal, do Venmo, do Cash e outros. Um novo jeito de pagar através do telefone não os intimidaria.

O grande desafio é que, se todo dinheiro é digital, comprometê-lo poderia ser catastrófico. É possível que a arquitetura de sistemas blockchain seja forte o suficiente. O problema, em vez disso, poderia ser que o código dentro do sistema fosse executado de um modo inesperado, conforme aconteceu no ataque à organização autônoma descentralizada (DAO) no Ethereum (veja o Capítulo 5). Se a criptomoeda estivesse operando em um blockchain público tradicional, então 51% dos nós na rede teriam que estar de acordo para consertar o problema. Conseguir um acordo poderia levar muito tempo, e não seria prático para empresas e pessoas que precisam de dinheiro estável e seguro o tempo todo.

LEMBRE-SE

Muitos blockchains operam como democracias. Uma maioria (51%) de nós blockchain de uma rede é necessária para fazer uma mudança.

Criando um histórico permanente

A soberania de dados e a privacidade digital serão tópicos enormes no futuro. Prevenção de fraudes será mais fácil porque, se toda a economia estiver utilizando uma criptomoeda, sempre haverá um registro de auditoria dentro do blockchain que a protege. Isso é estimulante para o cumprimento da lei, mas um pesadelo para a privacidade do cliente.

Da perspectiva de um cliente, já existe um registro de auditoria para tudo o que se compra com cartão de crédito ou débito. Da perspectiva de uma instituição, é uma vantagem ter registros de auditoria, porque isso aumenta a transparência da documentação e dos ciclos de vida das movimentações desses ativos entre regiões diferentes. Isso confere legitimidade à comercialização de ativos e permite que eles solidifiquem a conformidade em suas transações diárias.

As regras do "direito a ser esquecido" na Europa, que permitem aos cidadãos o direito de não ter os próprios dados propagados para sempre na internet, são um desafio difícil para os blockchains, porque blockchains nunca podem esquecer. Governos e corporações teriam registros permanentes do histórico de toda transação, o que poderia ser devastador à segurança nacional se eles fossem expostos ao público. Ou, no caso de uma empresa, isso poderia permitir que os concorrentes dela tivessem informações internas sobre como seus competidores estão investindo.

O maior desafio de usar um blockchain não permissionado, como o Ethereum ou o Bitcoin, seria garantir que você não enviou dinheiro a um país da OFAC (Agência de Controle de Ativos Estrangeiros) para apoiar o terrorismo. A resposta é que você não pode, porque isso é um tanto anônimo e qualquer um pode abrir uma carteira. É possível criar algoritmos para rastrear a movimentação de transações — o governo dos Estados Unidos faz isso há anos —, mas qualquer um pode movimentar valores em um mundo não permissionado.

PAPO DE ESPECIALISTA

A Agência de Controle de Ativos Estrangeiros mantém sanções para organizações específicas ou pessoas em países considerados de grande ameaça. O governo é incapaz de rastrear o histórico de transações quando usa anonimamente plataformas não permissionadas.

A necessidade de KYC e AML defende o blockchain permissionado no espaço compartilhado do livro-razão. A companhia de software R3 desenvolveu o Corda, uma plataforma particular e permissionada análoga a um blockchain para atender, de maneira direta, a muitos desses desafios. Especificamente, eles não divulgam de modo global os dados de seus participantes. Isso mantém a privacidade dos dados dentro do blockchain do Corda e foi a principal exigência não funcional feita pelos mais de 75 bancos que trabalharam com o R3 para adotar a tecnologia blockchain. Eles precisam manter a própria privacidade e atender a demandas regulamentares sólidas.

Internacionalização: Produtos Financeiros Mundiais

Blockchains introduzirão muitos tipos novos de segurança e produtos de investimentos. Novos mercados serão abertos, com maneiras mais eficientes de calcular riscos, porque garantias serão muito mais transparentes e fungíveis pelas instituições quando contabilizadas dentro de um sistema blockchain de retaguarda.

DICA

Hernando de Soto, o famoso economista peruano, estima que fornecer títulos às pessoas pobres do mundo por suas terras, casas e empresas sem registro desbloquearia US$9,3 trilhões em ativos. Isso é o que quer dizer a expressão *capital morto.*

É concebível que países que podem liberar seu capital morto, o bem imobiliário não financiável que detêm, conseguirão agregar e vender esses juros desses ativos em um mercado mundial. Isso seria algo como transparência em títulos hipotecários para novos empreendimentos imobiliários na Colômbia ou no Peru.

No futuro, países estarão aptos para liberar seu capital morto. Donos de propriedades, terras não cultivadas e propriedades não financiáveis agora terão oportunidade de vender os juros desses ativos em um mercado mundial.

Esses ativos serão bastante atraentes, porque gestores de ativos conseguirão analisar efetivamente os ativos abaixo do desempenho, dada a transparência e a capacidade de se substituir um por outro através de tecnologia com base em blockchain. O uso de blockchains para gerenciar esses ativos dará a gerenciadores o poder de sempre deter títulos de alto desempenho, excluindo as maçãs podres, reclassificando-os e vendendo-os como novos títulos.

Para clientes não institucionais, microinvestimentos serão uma saída atraente, permitida mundial e localmente através de plataformas blockchain de comercialização. Usar tecnologia blockchain também lhes dará recursos para investir em empresas e em suas atividades específicas sem ter o mínimo ou passar por intermediários que fiquem com um percentual do investimento.

Organizações anônimas descentralizadas (DAOs) já estão por aí, fazendo pools de investimento DAO acontecerem para alguns investidores tolerantes a risco e mais experientes tecnicamente. Levará algum tempo para um investidor institucional utilizar uma ou para um gerente de portfólio recomendar a seus clientes que coloquem dinheiro em um veículo com base em DAO.

DAOs excluem muito da papelada necessária e da burocracia envolvida em investimentos ao criar um sistema de votação com base em blockchain e concedendo ações aos que investem em seus produtos. Para todo blockchain, o conceito de "código como lei" torna isso perigoso. Os riscos são muitos, sobretudo quando há códigos mal redigidos executados de modo inesperado. As consequências são que as invasões nesse sistema podem ser graves. A natureza transparente do sistema original, o código fraco, proporciona aos invasores um vetor mais amplo para ataques e permite que eles ataquem várias vezes à medida que obtêm mais e mais informações a cada vez.

Na seção a seguir discuto as repercussões e vantagens da tecnologia blockchain para a economia mundial.

Folha de pagamento sem fronteiras

Nosso mundo é global, e empresas não têm fronteiras. Folhas de pagamento instantâneas e praticamente gratuitas são atraentes e poupariam muita dor de cabeça às organizações. Mas há desvantagens também.

Os maiores riscos serão em relação à perda de fundos através de invasões. Se você é pago em criptomoedas e foi invadido, será impossível recuperar seus fundos. Não há centro de resolução de disputas. Não há serviço de atendimento ao cliente ao qual reclamar a perda desses fundos. Ladrões de moeda digital têm acesso mundial, ao mesmo tempo em que permanecem, de alguma forma, anônimos. O invasor poderia estar em qualquer lugar.

Com a estrutura atual dos blockchains, o cliente é responsável por sua própria segurança. Atualmente clientes não têm o encargo principal de se proteger e se garantir de uma perda. Empresas maiores e governos oferecem proteção e segurança, e têm feito isso há tanto tempo quanto qualquer um consiga se lembrar. Pessoas comuns não precisam se proteger dessa maneira desde que pararam de guardar o próprio ouro durante o período medieval (mais ou menos).

Esses desafios não detectam empresas processando folhas de pagamento usando criptomoeda. O Bitwage e o BitPay estão ambos competindo no mercado pelo processamento de folhas de pagamento por meio do Bitcoin. O Bitwage permite que funcionários e prestadores de serviços independentes recebam parte de seus salários em criptomoeda, mesmo que seus empregadores não ofereçam a opção. O BitPay, por sua vez, tem integrados a seu pagamento e APIs de salários os provedores de serviços de folha de pagamento Zuman e Incoin. Novamente, uma adoção inicial está acontecendo em áreas que antes tinham soluções inexistentes ou inadequadas.

Comercialização mais rápida e melhor

Blockchains facilitarão a comercialização mais rápida e, possivelmente, mais inclusiva. O financiamento comercial mundial diminuiu nos últimos anos.

Alguns bancos, como o Barclays, chegaram inclusive a se retirar dos mercados africanos em ascensão. Eles deixaram para trás uma lacuna para comércio financeiro. Empresas ainda precisam de capital para despachar suas mercadorias.

DAOs e microinvestimentos poderiam atender a essa necessidade e dar aos investidores retornos mais vantajosos do que os atualmente disponíveis no mercado. Transparência de toda a mercadoria vendida, identidade segura e rastreamento mundial contínuo conectados a um blockchain abririam essa oportunidade a pequenos investidores.

A interoperabilidade entre moedas, que empresas como a Ripple facilitam, também permitirá mais comercialização, porque oferecem maneiras mais flexíveis de calcular taxas de câmbio estrangeiras do que através de mecanismos de transferência. A introdução de mais moedas digitais populares em casas de câmbios estrangeiras contribuirá com a adaptabilidade e a integração de mercados desamparados.

A BitPesa é uma empresa que converte minutos telefônicos M-pesa do Quênia em bitcoins. Com essa tecnologia, ela proporciona às empresas um modo mais rápido e mais barato de vender ou receber pagamentos entre a África e a China. O comércio entre a África e a China é um mercado de mais de US$170 bilhões. Leva dias para liquidar pagamentos além-fronteiras, e as taxas são altas. Quando você usa a plataforma digital do BitPesa, pagamentos são instantâneos e baratos.

Pagamentos garantidos

Pagamentos garantidos que são permitidos através de transações com base em blockchain ampliarão o comércio em lugares onde a confiança é baixa. Nesses tipos de sistema, países mais pobres podem competir no mesmo campo de jogos que nações mais ricas. À medida que isso acontecer nos próximos dez anos, as economias mundiais mudarão. O custo de commodities e mão de obra pode aumentar.

Empresas mundiais pagam seus funcionários com base em preços competitivos, assim como nos salários anteriores dos funcionários. Se blockchains permitirem igualdade entre disparidades econômicas, isso não acontecerá de um dia para o outro. Desenvolvedores e outros trabalhadores do conhecimento envolvidos seriam exceção, porque seria mais fácil para eles se sustentarem com trabalho anônimo.

Inclusão financeira e comércio mundial igualitário são tópicos muito importantes para governos. É mais provável que a adoção de moedas digitais será feita em âmbito nacional em países pequenos e em desenvolvimento. A maioria dos países grandes tem estruturas de poder descentralizadas que evitam mudanças rápidas em sistemas vitais, como dinheiro.

As estruturas de poder centrais de pequenos países permitirão que eles ultrapassem sua infraestrutura legada e sua burocracia. Por exemplo, a maioria dos países da África e da América do Sul não tem telefonia fixa ou endereços postais, mas todos têm smartphones e capacidade de criar carteiras de criptomoedas. A peça faltante é a negociação geral de liquidez e a capacidade de pagar por necessidades básicas como serviços, aluguel e comida por meio de uma criptomoeda.

Micropagamentos: A nova natureza das transações

Micropagamentos são a nova forma de transações. Empresas de cartão de crédito podem usar a tecnologia blockchain para liquidar transações, reduzir fraudes e baixar seus próprios custos.

Instituições mundiais, como Visa e MasterCard, que proporcionam a vantagem de pagamento tardio, sempre serão necessárias para clientes em sociedades capitalistas. Mesmo com as mudanças em backend, você ainda tem os mesmos pontos de acesso para clientes. Mas cartões físicos desaparecerão. Na verdade, isso está acontecendo agora, mesmo sem tecnologia blockchain. Com a tecnologia blockchain, a identidade do cliente por trás dos pagamentos será mais reforçada contra roubo.

As pessoas ainda precisam de crédito para comandar um negócio e sobreviver. Empresas de cartão de crédito continuarção a fazer dinheiro por meio de taxas transacionais. Créditos controlam o mundo, e mercados de capitais sempre existirão em nossa estrutura social atual. O custo de enviar dinheiro entre grupos diminuirá, mas isso é bom para instituições financeiras. Elas querem focar o serviço de proporcionar a seus clientes as melhores escolhas de investimento ou mercados bancários.

Removendo a Fraude

O Bitcoin foi criado como uma resposta à crise financeira, na qual fraude e outras atitudes antiéticas causaram o colapso da economia mundial. Ele muda a visão de mundo de "confiar ou não confiar" para um sistema não baseado em confiança. Essa diferença sutil desapareceu em sua maioria. Um *sistema não confiável* é aquele em que você igualmente confia em e desconfia de cada pessoa dentro da rede. O mais importante é que o blockchain proporciona uma estrutura que permite que transações ocorram sem confiança.

Os mesmos tipos de estrutura podem ser usados para mais coisas que não apenas trocar valores pela rede. Deixe-me compartilhar um exemplo que ajudará a ilustrar o potencial.

Vou a um bar e o homem na porta me para e pede para ver meu RG. Pego minha carteira e dou a ele minha carteira de habilitação. Minha habilitação tem muitas informações de que o segurança não precisa, e às quais não deveria ter acesso (como meu CPF). Tudo o que ele precisa saber do RG é que sou maior de 18 anos. Ele não precisa sequer saber quantos anos tenho — apenas que eu atendo às exigências da lei.

No futuro, sistemas de RG por blockchain permitirão que você escolha quais informações quer expor à qual pessoa e em que nível. Quanto mais dados anônimos ele tiver, mais seguro será. Sistemas blockchain ajudarão a restringir o roubo de identidades e dados ao não compartilhar informações com quem não precisa delas ou não tem permissão para vê-las.

Outro aspecto da tecnologia blockchain é que ela modificará a fraude do lugar onde ela aconteceu (passado) ao lugar em que atualmente está acontecendo em tempo real. Dentro de nosso sistema atual, ativos são *post mortem* fracionais do que aconteceu. Um grupo de fiscais externos chega, puxa alguns arquivos aleatórios e vê se tudo está no lugar. Fazer qualquer coisa além disso é dispendioso demais e consome tempo.

Sistemas de registros que têm tecnologia blockchain integrada serão capazes de fiscalizar um arquivo tão logo ele seja criado, sinalizando arquivos incompletos ou atípicos assim que são criados. Isso dará aos administradores as ferramentas necessárias para corrigir proativamente os arquivos antes que se tornem um problema.

Outra característica de sistemas blockchain será a capacidade de compartilhar os dados com terceiros de maneira transparente. No futuro, compartilhar dados será tão fácil quanto enviar um arquivo zipado por e-mail, exceto que o destinatário terá, então, acesso ao original, não a uma cópia, se o arquivo foi enviado por e-mail. Quando alguém envia um arquivo, ele tem uma versão no próprio computador e o destinatário tem outra versão. Com tecnologia blockchain, as duas pessoas compartilharão somente uma versão.

Blockchains agem como terceiros que testemunham a idade e a criação dos arquivos. Eles podem mostrar, em nível granular, cada pessoa que interagiu com um arquivo nos sistemas, interna e externamente. Eles podem exibir o que está faltando em um arquivo, não somente os dados contidos nele no momento. Arquivos em blockchain também podem ser compartilhados de forma separada, que não comprometa a validade dos documentos.

Isso significa que você será capaz de ver a idade de um arquivo, seu histórico completo e sua aparência no decorrer do tempo, conforme ele evoluiu. O mais interessante é que você também será capaz de ver se tem alguma coisa faltando no arquivo. Esse conceito é chamado de *provar o negativo*. Atualmente, a maioria dos sistemas de arquivos só pode dizer a você o que têm dentro deles. Mas você conseguirá dizer o que um arquivo *não* tem.

A fiscalização será menos cara e mais completa. Atualizar regras de fiscalização poderia ser feito de um modo mais centralizado. Quando nós regulatórios dentro de uma rede blockchain têm uma visão compartilhada e transparente de transações de ativos, a divulgação dessas transações pode ser feita por meio do local do legislador, sem autorizar 100 ou mais outras instituições a aderir ao mesmo conjunto de regras.

Sistemas com base em blockchain totalmente integrados à organização serão capazes de saber onde cada centavo foi gasto. O último quilômetro do modo como o dinheiro é gasto é o mais difícil de contabilizar em organizações e governos. Por ser tão difícil de contabilizar, os que querem roubar fundos têm a abertura de que precisam.

O último quilômetro poderia se tornar a maior oportunidade de uma empresa evitar desperdiçar recursos e identificar pessoas corruptas. Organizações sem fins lucrativos que têm diretrizes restritas sobre explicar o modo como gastam o próprio dinheiro poderiam se beneficiar desse tipo de sistema. Elas poderiam atender a essas necessidades de fiscalização e contabilização a seus contribuintes sem que fossem para sempre impedidas de suas maiores missões.

Um sistema que foi explorado se integraria diretamente ao fluxo de trabalho de trabalhadores humanitários. Esse sistema foi inicialmente projetado para rastrear registros médicos, mas também poderia rastrear todos os suprimentos usados com cada paciente. Os benefícios desse sistema seriam monumentais, considerando que muita fraude e muito roubo ocorrem no universo das ONGs.

NESTE CAPÍTULO

» Avaliando tendências mundiais do mercado imobiliário

» Descobrindo capital morto e maneiras para solucioná-lo

» Desvendando como a Fannie Mae se encaixará em um mundo blockchain

» Revelando como a China evoluirá com a tecnologia blockchain

Capítulo 13
Mercado Imobiliário

O mercado imobiliário será um dos mais impactados por inovações em tecnologia blockchain. O impacto será sentido em todos os países, de uma forma ligeiramente diferente. No mundo ocidental, talvez vejamos o advento de coisas como títulos hipotecários transparentes comercializados em câmbios possibilitados por blockchain. Na China, a integração blockchain já está acontecendo com elementos como a autenticação, um componente essencial de transações imobiliárias. No mundo em desenvolvimento, blockchains são a principal promessa, porque podem liberar capital e aumentar os negócios.

Este capítulo mergulha nas inovações que já estão acontecendo no mercado imobiliário mundial. Também o deixo por dentro de possíveis mudanças chegando e as implicações significativas da tecnologia blockchain.

O mercado imobiliário detém a maioria das riquezas e da estabilidade econômica do mundo. Ele estará mudando com muita rapidez nos próximos anos, e será uma vantagem saber onde essas mudanças acontecerão e como você e sua empresa podem aproveitá-las.

Eliminando o Seguro de Título

Seguro de título é a compensação por perda financeira proveniente de falhas em seu título para a compra de um imóvel. Ele é necessário se você hipotecou sua casa ou se a está refinanciando. O seguro de título protege o investimento do banco contra problemas de títulos que talvez não sejam encontrados nos registros públicos, perdem-se na pesquisa pelo título ou ocorrem por fraude ou falsificação.

O seguro de título é necessário em lugares que usam o direito comum para governar seus sistemas de títulos. O comprador é responsável por assegurar que o título do vendedor seja bom. Dentro desses sistemas, é feita uma pesquisa por título, e o seguro é comprado. Em áreas que usam o sistema de títulos Torrens, o comprador pode contar com as informações no registro predial e não precisa olhar para além desses registros.

A tecnologia blockchain foi proposta como um suplemento para ajudar clientes em sistemas de títulos de direito comum. A ideia é simples: blockchains são sistemas fantásticos de manutenção de registros públicos, e eles também não podem ser retroativos ou modificados sem um registro. Na teoria, blockchains poderiam transformar sistemas de direito comum em sistemas Torrens de títulos distribuídos.

Primeiro, no entanto, muitos desafios devem ser superados. Cada comarca em um sistema de direito comum tem sua própria agência de registro de terras, na qual todas as escrituras ou registros que transferem títulos a qualquer pedaço de terra ou qualquer interesse em qualquer comarca são registrados e reconhecidos. Só os Estados Unidos têm milhares de comarcas. As milhares de agências individuais criam silos de dados, e o blockchain não muda a lei ou a maneira como esses registros são organizados.

Seria necessário criar novas leis que impusessem que todo interesse e transferência de terras fossem registrados em um único sistema para serem validados. Depois é só um sistema Torrens, e pode tornar redundante a tecnologia blockchain. A exceção seria em áreas em que há muita fraude em registro predial.

Nas seções a seguir me aprofundo no mercado imobiliário e em que os blockchains agregam valor.

Indústrias protegidas

Toda indústria tem sistemas de autoproteção para afastar novos concorrentes. Pode ser um encargo regulamentar, monopólios outorgados pelo governo ou os custos altos de uma startup. A indústria construída em torno da compra e venda de imóveis não mudou muito nos últimos 40 anos e está pronta para a disrupção. Muitas partes diferentes contribuem para o processo.

Aqui estão as diferentes indústrias construídas em torno da compra e venda de casas:

- **Agentes imobiliários:** Um agente imobiliário o ajuda a comparar bairros diferentes e a encontrar uma casa. Muitas vezes ele o ajuda a negociar um preço e se comunica com o vendedor em seu nome. Esse serviço é valioso, e é improvável que seja desbancado pela tecnologia blockchain. Você já pode comprar uma casa sem um agente imobiliário, mas as pessoas escolhem trabalhar com eles porque melhoram o processo.
- **Inspetores de imóveis:** Inspetores de imóveis descobrem defeitos na casa antes de você comprá-la — defeitos que lhe custariam o olho da cara. Os defeitos que inspetores de imóveis encontram podem ser usados para negociar um preço melhor com o vendedor. No futuro, casas continuarão se deteriorando — isso nunca mudará. Mas a tecnologia blockchain poderia ser usada para registrar consertos na propriedade e defeitos encontrados durante a inspeção.
- **Representantes de fechamento:** No fechamento, o último passo é o acordo. O representante de fechamento supervisiona e coordena os documentos do fechamento, registra-os e libera o dinheiro às partes adequadas. Representantes de fechamento podem ser desbancados pela tecnologia blockchain — as funções desempenhadas por representantes de fechamento poderiam ser elaboradas em contratos inteligentes ou chaincode.
- **Credores e gestores hipotecários:** Credores e gestores hipotecários fornecem fundos para uma hipoteca e coletam os pagamentos da hipoteca em curso. Eles não serão desbancados pelo software blockchain, mas podem usar a tecnologia blockchain para ajudá-los a reduzir custos com manutenção de registros e fiscalização.
- **Avaliadores de imóveis:** O trabalho do avaliador de imóveis é olhar para uma propriedade e definir quanto ela vale. O processo de avaliação é feito sempre que uma propriedade é comprada ou refinanciada. Empresas como a Zillow fizeram muito do trabalho braçal de conhecer o valor de mercado, mas cada casa é única e precisa ser avaliada periodicamente. Mesmo nos processos de hipotecas de imóveis, vários recursos precisam ser exigidos para atender às necessidades de todo o mundo. Talvez seja útil registrar esses dados em um blockchain como testemunha pública.
- **Agentes de empréstimos:** Agentes de empréstimos usam suas informações de crédito, financeiras e empregatícias para verificar se você está qualificado para uma hipoteca. Depois eles combinam aquilo para o que você é elegível com os produtos que vendem. Como um agente imobiliário, um agente de empréstimos ajuda você a conseguir a melhor opção em um leque de escolhas. O software blockchain pode ser usado para ajudar agentes de empréstimos a guardarem registros de documentos que eles dão a você e a fiscalizar o processo para o cumprimento justo da lei de empréstimos.

- **Encarregados de empréstimos:** Um encarregado de empréstimos dá assistência a agentes de empréstimos na elaboração de informações sobre empréstimos hipotecários e sua solicitação para apresentar à seguradora. Um software que extraia a informação-fonte do comprador está sendo explorado. Não é tecnologia blockchain, mas poderia ser disruptiva para esse cargo.
- **Seguradoras de hipoteca:** Uma seguradora de hipoteca define se você é elegível para uma hipoteca. Ela aprova ou rejeita sua solicitação de hipoteca com base em seu histórico de crédito, emprego, ativos e débitos. Organizações estão explorando a automatização de processos de seguros usando inteligência artificial. No entanto, não é tecnologia blockchain.

Cada um desses agentes serve a um propósito central que ajuda a proteger o comprador, o vendedor e o provedor hipotecário. Na maioria das indústrias, o custo de fazer negócios cai com o tempo — aprimoramentos na eficiência ocasionados pela competição e inovação contribuem para baixar o custo. O mercado hipotecário é atraente como candidato para inovação em blockchain porque nele aconteceu o contrário: o custo do negócio subiu. A hipoteca típica dos Estados Unidos tem mais de 500 páginas e custa US$7.500 para proceder. É três vezes mais do que custava há dez anos. A tecnologia blockchain pode atender às necessidades de proteger o comprador, o vendedor e o provedor hipotecário, enquanto reduz os custos para isso.

Consumidores e a Fannie Mae

A *Federal National Mortgage Association* (Associação Hipotecária Federal Nacional, conhecida como Fannie Mae) é uma empresa assessorada pelo governo norte-americano e uma companhia de capital aberto. Atualmente é a principal fonte de financiamento para credores hipotecários, e dominou o mercado pós-recessão à medida que se abandonou o fundo privado.

Desde a recessão, 95% de todos créditos imobiliários feitos nos Estados Unidos passaram pela Fannie Mae. Isso dá cerca de US$5 trilhões em ativos hipotecários. Com poucas exceções, empréstimos que não são feitos pela Fannie Mae ou seu primo próximo, o Freddie Mac, são empréstimos jumbo (em geral, mais de US$417 mil cada). Esses empréstimos ainda são financiados por meio de dinheiro privado.

A Fannie Mae tem um programa automático usado por geradores de empréstimos para qualificar um mutuário. Ele os ajuda a navegar por orientações para um empréstimo convencional. Credores passam sua solicitação de empréstimo pelo sistema computacional da Fannie Mae, e ele dá uma resposta a cada aprovação ou rejeição para seu empréstimo. Plataformas online estão usando esse novo software para chegar aos clientes, permitindo-lhes dispensar pontos de comércio tradicionais. A Fannie Mae e o Freddie Mac estão explorando a tecnologia blockchain para agilizar ainda mais esse processo e chegar diretamente aos clientes.

Hipotecas no Mundo Blockchain

Uma hipoteca em um mundo blockchain não terá aparência muito diferente de uma hipoteca no mundo tradicional. A parte em que você reparará é que o fechamento de uma hipoteca em blockchain será menos caro.

Considerando que a maioria das pessoas compra poucos imóveis durante a vida, a diferença pode não parecer grande coisa. Mas o dinheiro aumenta. A tecnologia blockchain poderia baixar o custo de proceder a uma hipoteca em níveis anteriores a 2007.

Reduzindo seus custos de procedimento

Os custos de um procedimento hipotecário aumentaram, e o motivo é simples: bancos temem multas que podem contrair se cometerem erros em qualquer parte do processo hipotecário. Portanto, o mercado propôs orientações para ajudar a ter certeza de que eles atenderão a todas as exigências no momento do procedimento e anos mais tarde, quando forem avaliados. Grandes bancos pagaram bilhões em multa por utilização incorreta de documentos. Agora exige-se não somente que eles tenham todos os documentos essenciais, mas também que provem que seguiram o procedimento correto e enviaram todos os documentos necessários.

Produtos com base em blockchain diminuem a redundância que os bancos começaram a incorporar em seus processos depois da recessão. Manutenção de registros e despesas com fiscalização dispararam desde a introdução da *Dodd-Frank Wall Street Reform and Consumer Protection Act* (Lei Dodd-Frank de Reforma de Wall Street e de Proteção ao Consumidor), e a tecnologia blockchain poderia reduzir esse custo.

Empresas que querem atender às necessidades de bancos com uma solução blockchain teriam de deixar os bancos provarem que seguiram as orientações estabelecidas na Dodd-Frank. Isso também ajudaria os bancos a documentar por que tomaram certas decisões em relação a empréstimos e à localização de documentos que foram usados no procedimento, mesmo que não estejam em posse deles.

Aplicações em blockchain poderiam recolocar quase US$4 mil na tabela para a compra de uma casa média. O mercado hipotecário tem muito a ver com o mercado de crédito automobilístico e o de cartões de crédito. Aplicações similares poderiam reduzir o custo administrativo que esses mercados têm por conta das leis de proteção ao consumidor, enquanto, ao mesmo tempo, permitem que empresas atendam a essas exigências.

Conhecendo seu último documento conhecido

Um dos maiores fatores do custo no processo de criação da hipoteca muitas vezes vem anos depois que o empréstimo foi feito pela primeira vez. Às vezes, os que facilitam o processo de empréstimo anexam documentos desnecessários aos arquivos do cliente, ou arquivos antigos que não são usados para gerar um empréstimo são deixados na pasta. Registros duplicados também podem ocorrer. Quando chega a hora de fiscalizar o arquivo, há informação demais para peneirar. Bancos pagam para firmas externas verificar seus registros e tentar definir quais documentos foram usados na dissecção final de seu empréstimo.

O software blockchain pode resolver esse problema de um jeito refinado. Blockchains são sistemas distribuídos de manutenção de registros que permitem que múltiplas partes colaborem com dados no decorrer do tempo, sem perder o rastro da aparência desses dados em nenhum ponto ao longo do caminho. Isso significa que a meia dúzia de organizações individuais que colaboram para ajudar você a comprar sua casa agora podem interagir na mesma cadeia (*chain*).

Uma cadeia, nesse caso de uso, começaria com você. Sua cadeia, portanto, teria subcadeias adicionadas ao longo do tempo, como a compra de uma casa. Você poderia, então, autorizar outros — como bancos, empregadores, agências de crédito, empresas de avaliação e similares — a escrever na cadeia. Cada um acrescentaria os próprios dados em sua cadeia, e as outras partes autorizadas poderiam ler esses dados e acrescentar os próprios.

Blockchains mudariam a necessidade de repositórios centrais para arquivos. Eles automatizariam alguns dos procedimentos de papelada, e sempre forneceriam um histórico claro de seu empréstimo, reduzindo a necessidade de fiscalizar e preparar documentos para verificação.

Essa é uma grande ideia, mas não exige que todo o ecossistema colabore. Cada ramo que faz isso fortaleceria o sistema e agregaria valor, bem semelhante ao modo como cada pessoa extra que tinha uma máquina de fax fez com que a capacidade de uma delas fosse muito mais útil.

Prevendo Tendências Regionais

O blockchain travou uma batalha dura para se tornar uma solução em software dominante. Com frequência, ele é encarado com medo, porque muitas pessoas não entendem como ele funciona ou quais são as verdadeiras implicações para sua implementação generalizada. Do mesmo modo, muitos de seus primeiros partidários, como os principais adeptos de qualquer tecnologia nova, foram vistos como um pouco "fora da casinha". O blockchain foi apanhado pelo RP ruim do Bitcoin, quando coisas ilícitas e ilegais estavam sendo feitas com a tecnologia.

Entretanto, 2016 foi um ponto de virada para a indústria. Ficou claro que o blockchain seria disruptivo e que aqueles que desejavam estar do lado positivo da equação teriam de elaborar uma estratégia em blockchain.

Todos os principais bancos deram início a programas para investigar e fazer experimentos com blockchain, ou se juntaram a um consórcio. Muitos, primeiramente, mudaram para liquidações interbancárias e transferências além-fronteiras, que são aplicações relativamente diretas para blockchains. Os avanços seguintes e mais transformadores serão os sistemas e dados protegidos por meio de descentralização.

Nas seções a seguir percorro as tendências em tecnologia blockchain nos Estados Unidos, na Europa, na China e na África.

Os Estados Unidos e a Europa: Infraestrutura congestionada

Os Estados Unidos e os países europeus talvez levem mais tempo que outros países para implementar a tecnologia blockchain. Mesmo que empresas nesses países gastem bilhões de dólares em manutenção de infraestrutura, é somente isso: manutenção. Já existem soluções atuais para os problemas que blockchains querem resolver. Não é só uma questão de dizer que blockchains ofereceriam uma solução melhor — essa solução tem de ser dez vezes melhor que um sistema existente ou ser capaz de implementar por meio de integração.

Um dos principais desafios que os Estados Unidos enfrentam é que eles são descentralizados na distribuição de poder e tomadas de decisão. Cada comarca e cada estado elaborará suas próprias regras sobre como implementar ou usar a tecnologia blockchain. Esse processo já começou.

Blockchains podem acionar leis e regulamentações de transmissão monetária. Nos Estados Unidos, é mais claro, em termos federais, quais tipos de negócios são considerados transmissores de dinheiro. Considerando que todos os blockchains públicos básicos atualmente usam uma criptomoeda token para impulsionar segurança, a emissão é em nuvem, o que deu origem a blockchains particulares e permissionados que operam sem tokens.

Exigências de licenciamento estadual são ambíguas para empresas que usam tecnologia blockchain para outras aplicações que não sejam pagamentos. Regulamentações e leis serão promulgadas para proteger consumidores. A Europa já tem leis sobre "ser esquecida". A conformidade com essas leis poderia ser delicada, uma vez que dados inseridos em blockchains são para sempre e não podem ser removidos por ninguém, mesmo se quiserem.

Em muitos estados dos Estados unidos, participar de transferência de fundos sem a licença adequada é crime. As duras consequências de ultrapassar a lei por meio de inovações força empresas de blockchain a gastar significativamente mais dinheiro e tempo com conformidade — uma média de US$2 milhões a US$5 milhões por ano, por empresa. As taxas legais são encargos pesados para essas startups tecnológicas.

A legislação de cada estado, conforme aplicada ao mercado blockchain, ainda não é clara. Nova York e Vermont começaram a integrar essa tecnologia à lei. Nova York aumentou o custo para estar em conformidade e fomentou a inovação para se mudar para lugares mais favoráveis. Vermont, por sua vez, aprovou uma lei que torna registros em blockchain permitidos em tribunais.

Luxemburgo criou uma estrutura legal para sistemas de pagamento eletrônico em 2011 e foi pioneiro na ideia do "dinheiro eletrônico". Luxemburgo e o Reino Unido tornaram-se lar de muitas empresas de blockchain, porque o ambiente regulamentar é mais fácil para elas navegarem e comprarem. Por menos de US$1 milhão, negócios de blockchain podem obter uma licença de instrumento de pagamento na União Europeia. Essa licença garante às empresas o acesso a 28 países da União Europeia. Essa tática permitiu a essa parte do mundo passar na frente dos Estados Unidos em inovação fintech.

China: A primeiríssima

A China percebeu que os cidadãos estavam usando isso para movimentar fora do país valores não detectados, e gerando novas riquezas em um sistema menos cativo. Por conta disso, várias vezes a China revisou suas regras sobre criptomoedas, o que teve um impacto significativo no preço de mercado dos bitcoins.

Mercados dentro da China estão de olho nos blockchains, a fim de resolver muitos dos mesmos problemas percebidos em outras partes do mundo. Eles foram rápidos em usar blockchains para suplementar o que já estavam fazendo, acrescentando camadas de rigor a elementos como a Internet das Coisas (IoT) e autenticações. Ao passo que países ocidentais têm uma estrutura de poder mais distribuída e descentralizada, a da China é mais centralizada. Isso lhe permite movimentar-se com rapidez tanto para regulamentar como para inovar.

O China Ledger (Livro-razão da China), uma coligação blockchain com apoio da Assembleia Nacional Chinesa, o corpo legislativo da China, é um bom exemplo de ação imediata de entidades reguladoras e mercado. O China Ledger chamou a atenção de Anthony Di Iorio e Vitalik Buterin, ambos fundadores do Ethereum. Ele também tem o apoio de um dos principais desenvolvedores do Bitcoin, Jeff Garzik, e do diretor de Inovação do UBS, Alex Baltin.

O mundo em desenvolvimento: Bloqueios ao blockchain

O futuro está aqui — só não está distribuído. Isso é verdade principalmente em países em desenvolvimento, que com frequência têm maior necessidade de tecnologia, ainda que não tenham os mesmos recursos ou o ambiente político certo para permitir que essas inovações criem raízes. Alguns países pequenos experimentam medidas protecionistas que bloqueiam a importação de mercadorias que poderiam ser feitas dentro das fronteiras. Da mesma forma, outros países desconfiam da qualidade e da benevolência de produtos e serviços provenientes de fontes externas. No entanto, alguns sistemas políticos tiram enormes vantagens das ineficiências e ambiguidades que seu sistema legal dispõe para mudar.

Hernando de Soto Polar é um escritor e economista peruano que se pronunciou amplamente sobre uma economia informal e a importância de negócios e direitos de propriedade. Uma das questões de destaque que faz com que o mundo em desenvolvimento continue não desenvolvido é o *capital morto*. A propriedade que é mantida informalmente e não reconhecida legalmente, ou os atuais sistemas adotados, não são dignos de confiança. Para proprietários dessa terra, é difícil ou impossível financiar e vender. A incerteza também diminui o valor dos ativos. O mundo ocidental foi capaz de pegar ativos emprestados e vendê-los relativamente à vontade. Isso gerou inovação e prosperidade econômica.

Muitas tecnologias baseadas em blockchain poderiam mudar muito rapidamente essa realidade para países em desenvolvimento. Registros claros para propriedade de terras significariam que elas seriam vendáveis e financiáveis. Isso tornaria a propriedade à beira-mar da Colômbia irresistível. Pagamentos irreversíveis e identidades verdadeiramente conhecidas abririam crédito e comércio de novas maneiras.

Muitas startups e hackers se reuniram para tentar tornar essa visão de futuro uma realidade. Mesmo participantes globais maiores, como o Banco Mundial, têm feito reuniões constantes sobre blockchain e seu impacto no mundo em desenvolvimento. O bitcoin e o blockchain estão fazendo incursões na África, onde moedas e infraestrutura locais são profundamente suspeitas. A BitPesa, plataforma de comercialização e pagamentos a serviço de muitos países na África, começou a se expandir para o Reino Unido e a Europa. Ela também começou a ampliar suas ofertas de serviço a elementos como a folha de pagamento.

Do mesmo modo que países em desenvolvimento têm bloqueios em relação a desenvolvimento e inovação, eles também têm vantagens que países ocidentais nunca superarão. A falta de uma estrutura existente em países em desenvolvimento torna mais fácil para eles ultrapassar nações ocidentais. Isso ficou evidente com a proliferação de celulares em países em desenvolvimento. Esses últimos também não têm as mesmas entidades reguladoras e proteções a consumidores. Isso é atraente sobretudo para startups de blockchain que caem na zona cinza em países ocidentais. Países em desenvolvimento muitas vezes têm poucos responsáveis por decisões, tornando mais fácil conhecer pessoas que têm poder para mudar.

NESTE CAPÍTULO

» Construindo novos negócios

» Personalizando seguros individuais

» Criando novos mercados de seguro

» Cortando custos de modos inesperados

Capítulo 14
Seguros

A tecnologia de seguros em blockchain se implantou para mudar como pessoas e empresas compram e obtêm coberturas de seguro, e ela está vindo mais rápido do que você pode imaginar! Você precisa entender as implicações dessas novas tecnologias que já estão despontando.

Neste capítulo explico como essas novas tecnologias funcionam e suas principais limitações. Mostro a você como dispositivos em Internet das Coisas (IoT) colaborarão com entidades seguradoras. Também descrevo como contratos blockchain autoexecutáveis moldarão apólices e estruturas empresariais.

Este capítulo o prepara para as mudanças essenciais em tecnologia que talvez modifiquem o ônus de prova. Depois de ler este capítulo, você será capaz de tomar decisões mais qualificadas sobre coberturas de seguro com base em blockchain e pagamentos. Você entenderá como o custo da cobertura vai afetá-lo e os diferentes tipos de seguro que estarão disponíveis para você no futuro.

Personalizando Minuciosamente a Cobertura

Dispositivos IoT, dados imutáveis, organizações autônomas descentralizadas (DAOs) e contratos inteligentes estão todos modificando a evolução dos seguros para clientes. A convergência de todas essas tecnologias é possível por causa da evolução dos blockchains.

Blockchains fazem muito bem algumas coisas que permitirão duas mudanças principais em como o seguro será comprado e vendido no futuro: pessoas conseguirão obter uma cobertura mais personalizada e novos mercados se abrirão, o que antes não era possível por conta dos custos.

Assegurando a pessoa

O seguro estruturado em torno da pessoa permitirá uma mudança significativa de prioridades. A gestão de ativos será menos crítica, e as seguradores conseguirão focar o cálculo dos riscos e combinar suprimento e demanda.

Você poderia criar uma plataforma de mercado para assegurar clientes. Você poderia organizar esse novo negócio de várias maneiras. Uma possibilidade seria um mercado sob demanda no qual usuários postassem suas solicitações, padronizadas por um contrato inteligente personalizado ou por contrato em Chaincode. Se você não leu sobre esses novos tipos de contratos digitais autoexecutáveis, confira o Capítulo 5 sobre o Ethereum e o Capítulo 9 sobre o Hyperledger.

Com esse tipo de modelo, você, como segurador, poderia calcular o prêmio para a demanda específica, com base em dados do histórico e em outros fatores de cálculo de risco em seu modelo de riscos. Se o cliente estiver satisfeito com a oferta, pode fazer um lance ou assinar, dependendo do modelo de demanda utilizado.

Esse novo tipo de seguro poderia ser adotado por uma seguradora ponto a ponto (P2P) ou de financiamento coletivo, ou por uma companhia tradicional de seguros que adotasse a tecnologia. De ambos os modos, os dois são criados em um livro-razão de criptomoedas descentralizado com o uso de contratos inteligentes/Chaincode, o que garante o pagamento do cliente para o investidor, e vice-versa, se um incidente acontecer. O blockchain é o centro aqui, porque permite algumas coisas que não eram viáveis ou seguras poucos anos atrás.

Blockchains geram transferência de valor quase sem atritos, o que quer dizer que micropagamentos são viáveis, porque as taxas de transação são muito baixas. Agora você pode abrir novos mercados que não tinham um sistema monetário ou legal em funcionamento ou casos em que o custo de transações e disputas compensavam a vantagem de oferecer coberturas.

Você pode usar DAOs, com contratos inteligentes, para controlar grupos grandes por uma fração do custo e do tempo. Você poderia usar esse modelo para incorporar e administrar sua nova companhia e, talvez, financiar coletivamente plataformas de seguro.

A natureza autoexecutável de contratos inteligentes também poderia esclarecer boa parte do custo das mudanças de declarações e de terceiros que ajudam com o processamento e a arrecadação de fundos.

A legalidade de tudo isso ainda está em questão. Definir assuntos de privacidade e direitos do consumidor é difícil. O país também tem suas próprias regulamentações e transparências. Entretanto, quando essas regulamentações forem atingidas, o mercado de seguros e a experiência do consumidor com a seguradora mudarão substancialmente.

O novo mundo do microsseguro

Microsseguro é o seguro que protege pessoas de baixa renda contra riscos, como acidentes, doenças e desastres naturais. Ele se tornou mais viável por meio da tecnologia blockchain.

Ao pensar em microsseguro, preste atenção a duas categorias (que podem andar de mãos dadas):

- Seguro voltado para famílias de baixa renda, fazendeiros e outras entidades na quais o seguro é elaborado em torno de necessidades específicas — tipicamente, um seguro de prêmio baixo e com base em índice.
- Seguro que trata de produtos ou serviços de valor baixo.

A maior preocupação com esses tipos de contratos dentro de modelos de seguro tradicionais é que seus custos de manutenção são desproporcionalmente altos, tonando-os pouco atraentes para servir a esses mercados.

O atributo de baixo atrito dos blockchains permite que eles movimentem valor por um custo extremamente baixo, de maneira quase instantânea em qualquer lugar no mundo, sem estorno, e abre a oportunidade de servir mais pessoas e por custos mais reduzidos.

A principal vantagem do blockchain é que a elaboração de contratos inteligentes permite transações seguras sem nenhum intermediário, portanto, o seguro tem custos significativamente mais baixos.

O princípio do microsseguro em blockchain é simples e consiste em quatro passos:

1. **Proposta de acordo de empréstimo/seguro**

   Uma pessoa pode oferecer sua propriedade para empréstimo por meio de seu provedor de seguros, se a propriedade estiver registrada digitalmente. A oferta pode ser enviada ao usuário em potencial, por meio de canais da companhia de seguros ou através de uma plataforma pública, como o Facebook.

2. **Avaliação do acordo**

   O mutuário, então, pode avaliar a proposta que recebeu e aceitá-la ou recusá-la. A oferta é mantida nos registros públicos, e se o mutuário aceitar a proposta, pode adquirir o seguro por meio de canais tradicionais de pagamento, e o processo vai para o terceiro passo.

3. **Assinatura do acordo e autenticação**

   Se ambas as partes estão na mesma página, o seguro é pago, e o mutuário recebe a propriedade em questão, o acordo é assinado digitalmente e autenticado em um blockchain. Isso o torna virtualmente infalsificável. Todas as informações da transação estão armazenadas de forma segura, com um registro de auditoria claro, se um dia for necessário.

4. **Tokens de confirmação**

   Ambas as partes recebem tokens digitais especiais, que servem como a prova de identidade para o acordo em questão. Esses tokens são usados para confirmar criptograficamente que ambas as partes assinaram o acordo.

Além dessa facilidade de uso, contratos inteligentes permitem seguro com base em índice, o que é muito útil para seguros agrícolas e outras áreas nas quais os valores dependem, em grande parte, de fatores dinâmicos que podem ser documentados com precisão por terceiros confiáveis. Nesse caso particular, fazendeiros segurados podem receber reembolsos automáticos quando situações específicas, como estiagem, forem reportadas por bases de dados meteorológicas verificadas, reduzindo, portanto, um futuro custo do serviço.

Testemunhando para Você: A Internet das Coisas

Blockchains permitem a criação de um novo tipo de identidade tanto para pessoas como para coisas. Eles constroem um modelo tradicional no qual uma autoridade credenciada emite um certificado. Para pessoas, esse certificado seria um documento como uma certidão de nascimento ou uma carteira de habilitação. Mas "coisas" têm certificados similares que ajudam consumidores a validarem qualidade e autenticidade.

Esses tipos de certificados foram violados durante anos. Uma segurança cada vez mais sofisticada entrou em sua criação, mas isso aumenta o custo. Blockchains permitem o registro desses certificados tradicionais em um histórico inalterável, que qualquer um pode visitar e citar. Um recurso extra é a capacidade de atualizar esses registros quando ocorrem novos eventos.

Dispositivos IoT agora podem publicar de maneira autônoma todos os tipos de dados em seus registros e atualizar a situação atual em que estão. Agora que esses dispositivos IoT podem falar por si mesmos e têm seus históricos e identidades publicados e compartilháveis com terceiros, o mercado de seguros será apenas mais um entre muitos afetados.

Projetos IoT em seguros

É bem provável que a IoT vá causar impacto significativo em três áreas de sua vida: o carro conectado, a casa conectada e o eu conectado.

A IoT, em sua essência, é uma tecnologia disruptiva e, como tal, mudará o formato de uma vasta gama de mercados, como *Original Equipment Manufacturers* (Fabricante do Equipamento Original — OEMs) automobilísticos, segurança do lar e provedores de cabos e tecnologias móveis. Nessa mistura estão as companhias de seguro — em particular as que trabalham com apólices de propriedade e de acidentes (P&C).

Os dados reunidos pelos sensores nos novos equipamentos e dispositivos, ao lado da automação e das opções adicionais de controle, levarão a novas possibilidades quando se trata de novas companhias emergindo no mercado de seguros. Aliado aos livros-razão descentralizados em blockchain e aos contratos inteligentes, todo o processo poderia ser automatizado em um nível que não teria sido possível antes.

O novo estilo de vida, sempre online, que chega com uma mudança tão radical em tecnologia, extingue alguns dos riscos existentes, mas introduz novos, e o mais importante deles é a segurança de informações. Tudo isso significa que os fatores de risco terão de ser recalculados. Por exemplo, carros de condução automática terão riscos reduzidos de acidentes por conta da ausência do erro humano, mas a confiabilidade da tecnologia estará em questão até que tenhamos dados suficientes da aplicação no mundo real.

Implicações do big data acionável

O big data (grande conjunto de dados armazenados) tem sido um acontecimento desde 2000, e atualmente é um mercado de US$200 bilhões e de particular importância para o setor financeiro. Entretanto o big data vem com vários problemas que só fazem crescer sua presença no mundo cotidiano:

- **Controle:** Se você tem uma grande empresa multinacional ou um consórcio, a questão do compartilhamento de dados se torna bastante significativa. A versão controle é imperfeita e pode, às vezes, ser bem difícil dizer qual é a cópia mais recente e mais atualizada.
- **Confiabilidade dos dados:** Como você prova que é o criador dos tais dados, ou que outra pessoa é? O que acontece com dados corrompidos?
- **Monetização e transferência de dados:** Como você pode transferir, comprar ou vender direitos de quaisquer dados e ter certeza de que essa é a única cópia existente?
- **Mudança de dados:** Como você assegura que esses dados não estão sendo modificados quando não deveriam ser?

Todos esses problemas são solúveis usando-se criptomoeda e blockchain. O grande desafio no qual o mercado está trabalhando agora é dimensionar a tecnologia blockchain para ajustar o custo e as demandas das empresas em relação ao armazenamento de dados.

Tirando os Terceiros no Seguro

Uma das maiores vantagens que a tecnologia blockchain introduz no mundo financeiro moderno são os contratos inteligentes, que permitem transações comerciais sem o envolvimento de um terceiro, como bancos ou intermediários.

Em termos simples, um *contrato inteligente* é um protocolo que permite a duas partes registrar suas transações em um blockchain. Esses contratos podem ser usados para praticamente qualquer coisa, de trocas e mercadorias físicas (que tenham assinatura digital) à troca de informações ou dinheiro.

A característica principal da segurança aqui é que, ao contrário da base de dados financeira comum, a informação é distribuída e verificada por todos os computadores na rede, tornando-a descentralizada. Os dados são únicos e não podem ser copiados; o registro de auditoria é imutável.

Segurança descentralizada

No cerne dos modelos de negócios atuais está algo que poderia ser chamado de *paradigma de confiança centralizada*, no qual intermediários, como banqueiros, corretores e advogados, coordenam e certificam a veracidade de transações financeiras e trocas de mercadorias.

A centralização vem com certos riscos inerentes de segurança, como corrupção de dados e roubo. Blockchains combatem isso criando um sistema descentralizado que tem como base a desconfiança mútua de todos os participantes, que ficam controlando um ao outro.

Para criar um sistema como esse, você elabora um livro-razão distribuído que use criptomoeda (como Bitcoin, Ethereum ou Factom), no qual cada participante é tanto o usuário do sistema como o responsável por sua manutenção e preservação.

Cobertura coletivamente financiada

Similar a iniciativas tradicionais de financiamento coletivo, a ideia é juntar recursos de diversas entidades ou pessoas para preencher uma lacuna inesperada de um plano de seguro. Por exemplo, um plano de seguro para aposentadoria poderia entrar em vigor somente aos 65 anos, mas uma pessoa poderia ser forçada a se aposentar mais cedo por conta de circunstâncias não previstas, e fundos adicionais seriam necessários ao infeliz sujeito.

A disparidade econômica cresceu durante os anos, e várias pessoas subseguradas ou não seguradas poderiam se beneficiar de um sistema como esse. O financiamento coletivo tem pleno potencial para proporcionar vantagens a todas as três partes em questão:

- **Seguradoras** ganham aumento na renda, porque mais pessoas se interessam por seus planos. Elas ganham acesso a uma parte maior da população subsegurada. Além disso, a companhia de seguros poderia aprimorar seu reconhecimento de marca — poderia ser vista como uma companhia que se importa.
- **Contribuintes** poderiam tirar vantagem de possíveis isenções de taxas, se a estrutura da campanha permitir, ou poderiam ganhar outros benefícios, como descontos ou serviços gratuitos.
- **Requerentes** (os que procuram por seguros), é óbvio, são os que mais ganharão, já que podem adquirir uma proteção melhor e uma cobertura mais econômica.

A Cognizant propôs insights interessantes sobre seguros de financiamento coletivo em seu whitepaper. Você pode encontrá-lo em `https://goo.gl/u3Kd3U` (conteúdo em inglês).

As implicações do seguro em DAO

DAOs são entidades corporativas que não têm nenhum funcionário de período integral, mas que podem desempenhar todas as funções que uma corporação tradicional. A capacidade de criar uma entidade assim se origina diretamente do aprimoramento dos algoritmos blockchain, o que ocorreu nos últimos anos e criou o que é comumente chamado de blockchain 2.0.

Em essência, uma DAO é uma forma avançada de contrato inteligente. A DAO está apta a tratar a DAO como uma corporação na qual todos os seus usuários de políticas individuais são acionistas, embora a corporação em si nunca esteja sob controle direto de nenhum grupo ou pessoa específica.

Do mesmo modo, uma DAO nunca está sob controle de desenvolvedores, e elas não emitem ou recusam apólices. Ela é, estritamente, um modelo de seguro ponto a ponto (*peer-to-peer*). Apesar de ainda existirem vulnerabilidades em relação à verificação de identidade, esse sistema será aprimorado, e, na realidade, os mesmos problemas existem mesmo nos sistemas de segurança atuais e centralizados.

NESTE CAPÍTULO

» **Lendo documentos blockchain**

» **Construindo cidades inteligentes**

» **Criando identidade à prova de invasão**

Capítulo 15

Governo

Neste capítulo apresento você às novidades estimulantes que estão acontecendo dentro de governos e das empresas que os apoiam com projetos blockchain inovadores.

Todos os dias, negócios são afetados por golpes e fraude, e este capítulo explica como os governos estão reagindo contra crimes cibernéticos e roubo de identidade. Você também descobre iniciativas de cidades inteligentes, que serão cruciais para o crescimento econômico e a sustentabilidade — muitas estão usando tecnologia blockchain para superar lacunas tecnológicas.

As Cidades Inteligentes da Ásia

Cidades inteligentes estão tirando vantagem da tecnologia moderna para fortalecer funções de infraestrutura e segurança e aprimorar aspectos como trânsito e qualidade do ar. A indústria de cidades inteligentes está em alta, e quase todas as cidades maiores abraçaram o conceito.

O blockchain é especialmente útil quando integrado à Internet das Coisas (IoT) usada por cidades inteligentes. Vários projetos interessantes estão sendo testados agora para implantação comercial. O Departamento de Segurança Interna dos Estados Unidos está explorando dispositivos de segurança IoT usados por sua Alfândega e Proteção de Fronteiras (CBP), e empresas como a Slock.it estão permitindo que objetos conectados usem o blockchain para entrar em contratos inteligentes. Seu primeiro produto foi um smart lock ativado por blockchain, que poderia ser usado por clientes do Airbnb. A integração dessas tecnologias permite que dispositivos usem seus sensores para configurar contratos inteligentes. Essa mesma tecnologia poderia ser usada por parquímetros na cidade.

A Figura 15-1 mostra a página inicial do projeto Nação Inteligente de Singapura. Singapura tem procurado startups do mundo inteiro para desenvolver uma nova tecnologia em seu "sandbox regulatório". É um convite de boas-vindas para empresas de tecnologia blockchain que têm funcionado na *zona cinza* (onde não há uma estrutura regulamentar clara e definida). Entretanto, muitos países, como Singapura, estão tomando medidas diretas para definir o espaço e informar às empresas o que é permitido e o que não é.

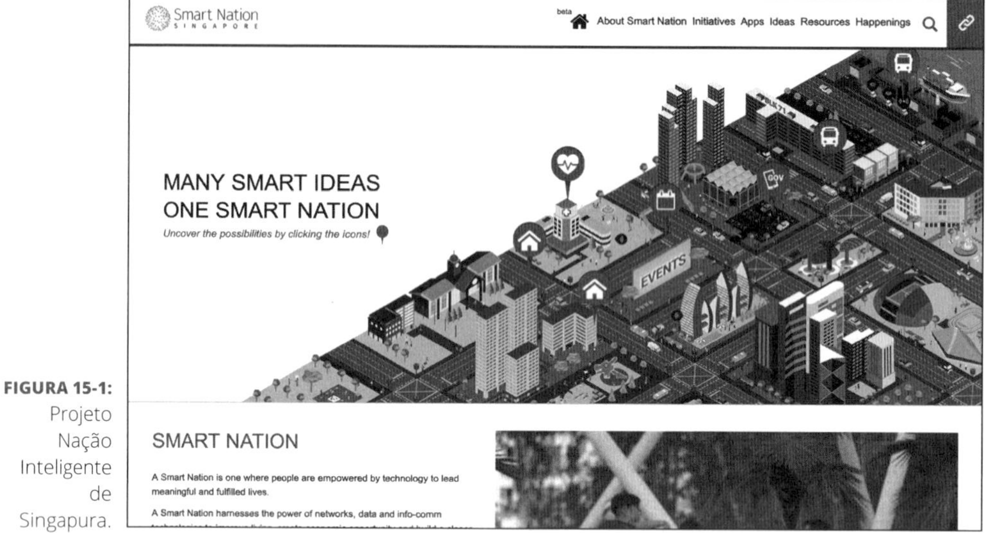

FIGURA 15-1: Projeto Nação Inteligente de Singapura.

A tecnologia blockchain também poderia ser usada para compartilhar com segurança informações entre redes em uma cidade inteligente. Muitas cidades estão explorando como usar blockchain para aliviar congestionamentos. O projeto Nação Inteligente de Singapura tem esperança de usar os celulares de seus cidadãos para avaliar as condições de suas viagens de ônibus e, então, analisar os dados para verificar quando as ruas precisam ser atualizadas. Singapura tem sido líder no desenvolvimento de cidades inteligentes, e começou a projetá-las em outros países.

Nesta seção conduzo você por algumas das muitas apostas em blockchain que estão acontecendo na Ásia.

Cidades-satélite de Singapura na Índia

O governo da Índia lançou sua Missão Cidades Inteligentes em 2015, com a intenção de construir 100 novas cidades inteligentes. Muitos desses projetos estarão no Delhi Mumbai Industrial Corridor (Corredor Industrial Déli-Mumbai), que tem uma extensão de 1.000km entre Déli e Mumbai. Uma infraestrutura de US$11 bilhões já foi planejada em 33 cidades, e boa parte da construção será financiada por meio de um modelo público-privado. Espera-se que o projeto atraia US$90 bilhões em investimentos estrangeiros, que serão usados para criar parques industriais, zonas manufatureiras e cidades inteligentes, todos eles situados ao longo de um corredor de transporte ferroviário habilitado.

Essas cidades inteligentes estão sendo concebidas à medida que a economia da Índia se industrializa e a população se torna mais urbanizada. É necessário intervenção estatal em forma de cidades centralmente planejadas a fim de evitar que as cidades já existentes fiquem superlotadas e inviáveis. A Índia é especialmente vulnerável à mudança climática por causa de sua população enorme e empobrecida. Por conta disso, é importante que essas cidades sejam sustentáveis e inteligentes. Elas precisam de materiais estruturais de baixo consumo de energia, redes inteligentes, transporte planejado, sistemas de TI integrados, governo eletrônico e captação inovadora de água.

Singapura é um ótimo exemplo de cidade planejada de maneira inteligente. Apesar da alta densidade demográfica, ela tem excelente infraestrutura e uma alta qualidade de vida. Muitas das organizações privadas de Singapura têm o conhecimento e os recursos necessários para desenvolver as cidades inteligentes da Índia. Em colaboração com o governo indiano, o setor privado seria capaz de fornecer o capital, as habilidades e a tecnologia necessários para planejamentos tão grandes.

Andhara Pradesh e a Autoridade Monetária de Singapura anunciaram uma parceria de inovação em tecnologia financeira (fintech), com foco principal em blockchain e pagamentos digitais. Singapura objetiva desenvolver um mercado para soluções fintech na Índia.

A liderança singapurense demonstrou interesse em parcerias com a Índia para desenvolver uma cidade inteligente e, também, uma nova capital para Andhra Pradesh, um estado no sudeste. Ela está estabelecendo comitês para analisar o potencial de colaboração com o plano da Índia de construir 100 cidades novas, bem como, mais adiante, de desenvolver a infraestrutura de 500 cidades grandes e pequenas já existentes.

O ministro do desenvolvimento urbano da Índia esteve em palestras com o atual e o antigo primeiro-ministro de Singapura. Ele esteve sondando a experiência de Singapura com cidades inteligentes, focando sobretudo sistemas de transporte inteligentes, gestão de qualidade da água e governo eletrônico. O ministro do desenvolvimento urbano também examinou o esquema de moradias públicas de Singapura, assim como suas regulamentações de moradias particulares. Estruturas de financiamento para infraestrutura de transporte também foram consideradas.

Autoridades indianas também contrataram uma equipe de especialistas singapurenses para acompanhar o desenvolvimento de uma cidade-satélite em Himachal Pradesh. O projeto de 20 hectares objetiva ajudar a descongestionar Shimla, cidade que teve um aumento populacional massivo nas últimas décadas. Os singapurenses auxiliarão nos aspectos educacionais, residenciais e comerciais da cidade em desenvolvimento.

Tanto Singapura como a Malásia demonstraram interesse em investir em outra cidade-satélite perto de Jathia Devi. O governo singapurense está realizando um estudo que avaliará várias opções. O governo estadual de Himachal Pradesh está considerando desenvolver cinco cidades-satélite perto de cidades já existentes, usando um modelo de financiamento público-privado.

O Ascendas-Singbridge de Singapura lançou seu oitavo parque de TI na Índia. Espera-se que o International Tech Park Gurgaon, de 24 hectares, tenha seu primeiro edifício finalizado no meio do ano. O projeto de US$400 milhões objetiva oferecer 25 milhões de metros quadrados de espaço comercial para ajudar a acomodar o setor crescente de TI da Índia.

O problema do big data da China

A tecnologia blockchain está sendo amplamente discutida na China como uma forma de aumentar a confiabilidade do big data. Pessoas estão considerando-a uma maneira de resolver o problema da confiabilidade envolvido no compartilhamento de dados entre duas ou mais partes que não têm incentivos alinhados. A tecnologia blockchain oferece muitas soluções novas para monitorar propriedade, origem e autenticidade.

A Peernova é uma empresa promissora dos Estados Unidos que está enfrentando problemas de big data. Primeiramente ela focou em mineração de bitcoin, mas articulada no espaço blockchain, e levantou US$4 milhões do Grupo Empresarial Zhejiang Zhongnan, uma empresa de construção da China. A Peernova planeja usar tecnologia blockchain para consultar bases de dados tradicionais e monitorar mudanças.

Os casos de uso visam verificar quaisquer mudanças em subgrupos de armazenamento de grandes dados e usar as auditorias criptografadas mais eficientes e completas, em vez de um auditor tradicional que forneça um ponto de referência para uma empresa. Sua esperança é ajudar fundos especulativos a calcular os impostos de seus investimentos usando blockchain para rastrear o histórico do dinheiro que foi investido ao longo dos anos.

Dalian Wanda, a maior promotora imobiliária da China, também está entrando no jogo do blockchain. Ela se associou à empresa de software Cloudera para lançar um projeto blockchain chamado Hercules, que vê o potencial de usar tecnologia blockchain para fazer predições derivadas de big data acionáveis para gestores enquanto eles estão surgindo, mudando gestores de reativos para proativos em situações como modificações em seus protocolos, assim como para monitorar atitudes do usuário dentro de seus sistemas.

A Dalian Wanda e a Cloudera objetivam continuar a desenvolver o Hercules e integrar suas tecnologias em uma variedade de mercados relacionados à TI e ao big data. O projeto Hercules atuará como um conjunto de software aberto que atende às necessidades de empresas. Ele facilita que as organizações instalem e gerenciem apps em blockchain em grandes grupos de dados.

Talvez você ache estranho ver uma empresa parceira de mineração digital com uma empresa tradicional de construção lidando com problemas de auditoria para fundos especulativos, ou promotores imobiliários trabalhando com big data para resolver problemas de administradores de sistemas, mas esse é o faroeste do mundo blockchain. A escassez de talentos em blockchain e a alta demanda por projetos e investimentos em blockchain estão alimentando esse ambiente.

A Batalha pelo Capital Financeiro do Mundo

A tecnologia blockchain tornou-se independente desde que invadiu a consciência pública com uma infinidade de coberturas jornalísticas em 2015. Muitas startups têm trabalhado em configurações beta e de pré-lançamento desde então, com quase 2 mil novas startups em blockchain se formando do dia para a noite em 2016. Muitas delas finalmente vão a mercado em algum momento de 2017 e 2018 em Singapura, Dubai e Londres, onde as entidades reguladoras recebem bem as inovações e competem para ser a meca financeira do mundo. Para esses líderes, não se trata apenas de fintech e cidades inteligentes. É uma corrida por relevância em um mundo que está se tornando sem fronteiras e com cidadãos globais financeiramente flexíveis.

A previsão antecipada de Londres

Em 2016, o governo central do Reino Unido emitiu um relatório chamado "Distributed Ledger Technology: Beyond Block Chain" (A Tecnologia do Livro-Razão Distribuído: Além do Block Chain, em tradução livre) (`https://goo.gl/asIz6L` — conteúdo em inglês), que afirmava que a tecnologia de livros-razão distribuídos (blockchains) poderia ser usada para reduzir falsificação, erros e fraude, e tornar vários processos mais eficientes. Declarou também que blockchains poderiam mudar a relação dos cidadãos com seu governo ao promover mais transparência e credibilidade. Mas Londres tem sido muito amigável com a tecnologia desde, pelo menos, 2014. Muitas startups iniciais de blockchain integraram ou trabalharam em Londres porque esse era, não oficialmente, o lugar mais seguro para construir um negócio. Na época, isso foi um grande feito, porque muitos empreendedores de criptomoeda estavam sendo presos em 2014 e 2015.

Desde que esse relatório veio à tona, blockchains foram aprovados para uso em aplicações governamentais no Reino Unido, incluindo departamentos da Whitehall (departamentos sem ministério como Registro Predial, Comissão Florestal e Normas Alimentares), autoridades locais e autoridades delegadas.

Aqui estão alguns projetos e experimentos interessantes que estão acontecendo no Reino Unido:

- **Distribuição de assistência social com base em blockchain:** O Departamento de Trabalho e Pensões fez uma parceria com Barclays, RWE, GovCoin e a Universidade de Londres em um experimento que usará tecnologia blockchain para distribuir assistência social com um app para celular. O teste foi projetado para verificar se pagamentos poderiam ser enviados e rastreados usando-se tecnologia blockchain.
- **DLT governamental:** O Credits, um fornecedor de plataforma blockchain, e o governo do Reino Unido estão colaborando em uma estrutura que permite que agências governamentais do Reino Unido façam experimentos com tecnologia blockchain. (DLT é sigla para tecnologia de livros-razão distribuídos — *distributed ledger technology*, em inglês.)
- **Pagamentos internacionais com base em blockchain:** O banco Santander lançou um teste de pagamentos internacionais com base em blockchain. O programa-piloto da equipe envolve um app conectado à Apple Pay. Usuários podem utilizar touch ID para transferir pagamentos entre 10 e 10 mil libras esterlinas.
- **Uso de tecnologia blockchain para comercializar ouro:** A Royal Mint se aliou ao CME Group, um operador de mercado, a fim de usar tecnologia blockchain para construir um mercado de ouro na esperança de tornar Londres uma cidade mais atraente para vendas de ouro. A tecnologia blockchain está sendo adotada pelas duas entidades, porque elas a veem como um mecanismo digital eficiente para comercializar ouro.

Todos esses são experimentos para verificar se a tecnologia blockchain é a nova plataforma para trocar valores. O sucesso ou o fracasso desse esquema definirá o futuro curso do Reino Unido e do restante do mundo.

O sandbox regulatório de Singapura

Singapura, como o Reino Unido, desviou do próprio caminho para fazer com que trabalhar lá fosse o mais fácil, agradável e financeiramente atraente possível. Em 2015, funcionários do governo viajaram para São Francisco a fim de anunciar e recrutar empreendedores para trabalhar no que cunharam como um "sandbox regulatório" — uma brincadeira com a expressão *sandbox de desenvolvimento*, ambiente seguro no qual desenvolvedores podem construir softwares. Singapura tinha a mesma ideia em mente para construir empresas de software.

Na época, empresas de blockchain nos Estados Unidos e muitos outros lugares ainda estavam na zona cinza. A ideia de um lugar seguro para operar e investir dinheiro era muito atraente para muitos empreendedores, inclusive eu. Se você nunca foi a Singapura, deveria! É linda, limpa e segura.

Singapura está dando passos para explorar a tecnologia, e isso está dando frutos. Um banco singapurense, o OCBC, usou tecnologia blockchain para transferências além-fronteiras. Ele enviou dinheiro a seus subsidiários, o OCBC Malásia e o Banco da Singapura.

O R3 também tem sido ativo em Singapura. Ele abriu um laboratório para pesquisar e desenvolver tecnologias de desenvolvimento digital ao lado da Autoridade Monetária de Singapura. O R3 está trabalhando em uma plataforma de negociação para dar apoio a pagamentos entre bancos. Os bancos vão depositar dinheiro e emitir uma moeda digital.

O banco central de Singapura também lançou um projeto-piloto, ao lado de oito bancos estrangeiros e locais, assim como a bolsa de valores. Esse projeto proof-of-concept visa usar a tecnologia blockchain para seus pagamentos entre bancos. O projeto-piloto também objetiva revisar transações de moedas estrangeiras além-fronteiras.

Não são somente empresas de blockchain que farão experimentos em Singapura. Todos os grandes agentes se envolveram — Bank of America, Merrill Lynch, IBM, Credit Suisse, The Bank of Tokyo-Mitsubishi UFJ Ltd, DBS Bank Ltd, JP Morgan, The Hong Kong and Shanghai Banking Corp Ltd, OCBC Bank, United Overseas Bank e a Bolsa de Valores de Singapura.

Todo banco no mundo precisa saber com quem está fazendo negócios. A ideia geral do conheça seu cliente (KYC) ajuda a combater a lavagem de dinheiro e o financiamento turístico.

A próxima fase será definir transações em moedas estrangeiras e elaborar as iniciativas KYC de Singapura. Isso poderia levar o país a abrir caminho para identidades com base em blockchain. Singapura já tem um sistema moderno de identidade digital que poderia facilmente se conectar a um blockchain.

A iniciativa Dubai 2020

O governo de Dubai tem um plano ambicioso de mover todos os documentos e sistemas governamentais para dentro do blockchain em 2020. O esquema de não usar mais papéis é parte de sua iniciativa em se tornar um líder mundial em tecnologia blockchain e reforçar a eficiência em todos os setores.

O Ministério dos Assuntos Federais e do Futuro de Dubai detalhou como o novo esquema capacitará usuários a atualizar e verificar suas credenciais através do blockchain. Eles apenas terão que entrar com suas credenciais uma vez para ter acesso a entidades governamentais e privadas, como companhias de seguro e bancos. Eles também preveem compartilhar sua tecnologia com outros países para permitir cruzamentos de fronteiras mais simples. Em vez de passaportes, viajantes poderiam usar carteiras digitais pré-autenticadas, assim como identificação pré-aprovada.

O governo de Dubai estimou que sua iniciativa blockchain tem potencial para poupar 25,1 milhões de horas em produtividade. Esse aumento na eficiência também ajudará a reduzir emissões de gás carbônico.

O Global Blockchain Council (Conselho Global de Blockchain — GBC) de Dubai anunciou sete novas colaborações público-privadas, combinando as habilidades e recursos de startups, negócios locais e departamentos governamentais. Eles aplicarão tecnologia blockchain em:

- **Serviços de saúde:** A empresa de software estoniana Guardtime colaborará com uma das maiores operadoras de telecom de Dubai, a Du, para fornecer a experiência tecnológica para registros digitalizados de serviços de saúde e movê-los para um blockchain.
- **Comércio de diamantes:** Um projeto-piloto usará tecnologia blockchain para autenticação e transferência de diamantes. O Dubai Multi Commodities Center digitalizará *certificados Kimberly* (documentos criados pela ONU para restringir o comércio de diamantes de guerra).
- **Transferência de títulos:** A transferência de títulos será digitalizada e registrada em um blockchain. Uma startup de blockchain singapurense conhecida como Dxmarkets desenvolveu um proof-of-concept.
- **Registro comercial:** O GBC está testando o uso da tecnologia blockchain para registro comercial. Isso é diferente da organização autônoma descentralizada (DAO) do Ethereum, mas poderia agilizar a verificação de identidade por meio do programa Flexi Desk. Atualmente está no estágio demonstrativo, com várias entidades trabalhando em um proof-of-concept.
- **Turismo:** O Dubai Points é um programa-piloto lançado em colaboração com o Loyyal, usando tecnologia blockchain para ajudar o setor de turismo. Ele objetiva incentivar viagens garantindo pontos para viajantes que visitam certos lugares, e usará contratos inteligentes para facilitar as

bonificações. Muitos desses pontos funcionam como um criptotoken e são comercializados em trocas.

» **Fretes:** A IBM está trabalhando com o GBC para usar tecnologia blockchain para fretes e logística aprimorados. O programa objetiva ajudar participantes regionais a colaborar com a maneira como eles trocam mercadorias. Contratos inteligentes serão utilizados como soluções para conformidade e problemas de acordos.

Dubai, como Singapura, investiu seu dinheiro e seus talentos em assegurar que dominará rapidamente o espaço blockchain. Isso é um luxo de governos pequenos e autoridades centrais.

Estrutura regulatória do Bitlicense: A cidade de Nova York

Se está planejando operar uma startup de blockchain na cidade de Nova York, planeje taxas extras. Em junho de 2015, o New York State Department of Financial Services (Departamento de Serviços Financeiros do Estado de Nova York — NYDFS) lançou a versão final do Bitlicense, a estrutura regulamentar para moedas digitais, com o objetivo de dar maior clareza ao mercado. Na realidade, ele empurrou muitas startups de blockchain para fora de Nova York. A licença em si custa US$5.000 e pode ter mais de 500 páginas. Ela exige as impressões digitais dos líderes de cada empresa e um extenso inquérito pessoal sobre o negócio candidato. A principal reclamação são os quase US$100 mil em despesas associadas à candidatura. Essa estimativa inclui atribuição de tempo, taxas legais e de conformidade. O Bitlicense tem forte contraste com as iniciativas de outros centros financeiros, como Londres, Singapura e Dubai.

O Bitlicense final foi o resultado de quase dois anos de pesquisa e debate sobre como a tecnologia poderia ser regulamentada. Ele aconteceu depois de se compreender que as regulamentações existentes não eram apropriadas para empresas de moedas digitais.

O lado positivo é que empresas blockchain de Nova York não precisam mais de aprovação do NYDFS para atualizações de novos softwares ou novos ciclos de financiamento de risco. A estrutura declara que firmas de moedas digitais precisam apenas de aprovação para mudanças que são "propostas para um produto, serviço ou atividade existente que podem levar esse produto, serviço ou atividade a ser materialmente diferente dos listados antes na candidatura para o licenciamento do superintendente".

A primeira empresa a receber o Bitlicense foi a Circle, a provedora de carteiras Bitcoin. A licença permite que eles operem em Nova York sob a estrutura regulamentar. A Circle é uma das poucas empresas que podem fazer isso legalmente. A maioria das startups de blockchain está evitando trabalhar em Nova York porque o custo e o esforço da licença prevalecem sobre o benefício. Somente as startups de financiamento mais alto estão fazendo uma tentativa.

O Ripple foi premiado com sua segunda licença. Essa reiteração de sua licença permitiu que ele vendesse e mantivesse o XRP, que é o ativo digital por trás do Ripple Consensus Ledger (Livro-Razão de Consenso do Ripple — RCL). Isso aprimorará a capacidade do Ripple de lidar com clientes de negócios que querem usar sua tecnologia para transferências de fundos internacionais.

Outras regiões dos Estados Unidos também promulgaram leis similares para regulamentar moedas digitais e solicitar licenciamento. A lei californiana AB 1326 teria feito isso pela região, mas falhou após a Electronic Frontier Foundation (Fundação da Fronteira Eletrônica — EFF) ter conseguido resistir a ela. (A EFF é um grupo com sede em São Francisco que defende os direitos do consumidor e novas tecnologias.)

Assegurando as Fronteiras do Mundo

O blockchain está sendo explorado por muito governos para assegurar fronteiras. O Reino Unido tem a meta ambiciosa de assegurar que viajantes nunca tenham de desacelerar o passo ao se movimentar pelos aeroportos. Isso contrasta com as longas filas de segurança que agora estão presentes em quase todo aeroporto. O principal obstáculo que o Reino Unido precisa superar para uma experiência de viagem sem atritos está relacionado à *resolução do passageiro* (a capacidade de saber, de modo definitivo, a identidade de qualquer passageiro, mesmo que ele seja de outro país). A resolução do passageiro foi um problema para países que estão lutando contra o terrorismo.

Os Estados Unidos abriram sua tecnologia para resolução do passageiro sob o Global Travel Assessment System (Sistema de Análise de Viagens Internacionais — GTAS). Está disponível para colaboração pública no GitHub (`www.github.com/US-CBP/GTAS` — conteúdo em inglês).

Todos os computadores, câmeras e sensores envolvidos na triagem não invasiva e na autenticação dos passageiros precisam estar protegidos para garantir a segurança nacional. Blockchains, com suas propriedades imutáveis subjacentes, são uma tecnologia promissora para esse caso de uso, e estão sendo testados agora.

A outra coisa interessante que pode ser criada por meio de blockchains são as identidades biográficas — identidades que são elaboradas com o tempo. Quaisquer dados podem ser conectados a uma identidade biográfica, e a privacidade e legibilidade dos dados atribuídos podem ser gerenciadas por quem os publica. Com o tempo, a identidade é construída pelo acréscimo de atributos extras. Atributos podem ser quase qualquer coisa, de dados externos a seu dispositivo pessoal a casos em que seus documentos foram verificados em um cruzamento de fronteira. Esses atributos são publicados por autoridades certificadas na rede de identificação da pessoa, ou por outras autorizadas por autoridades certificadas.

O Departamento de Segurança Interna e a identidade das coisas

O Departamento de Segurança Interna, sob o Science and Technology Directorate (Diretório de Ciência e Tecnologia), está explorando segurança para dispositivos IoT para as fronteiras do Estados Unidos. Ele está trabalhando com o Factom, Inc., uma startup de blockchain com sede em Austin, no Texas, para promover a segurança de identidade digital para dispositivos IoT.

O Factom cria registros identitários que captam o ID de um dispositivo, quem o fabricou, listas de atualizações disponíveis, problemas conhecidos de segurança e autoridades reconhecidas, enquanto acrescenta a dimensão do tempo para segurança extra. O objetivo é limitar capacidades de aspirantes a invasor de corromper os últimos registros para um dispositivo, tornando mais difícil falsificá-los.

Passaportes do futuro

A ShoCard (`www.shocard.com` — conteúdo em inglês) é uma empresa de desenvolvimento de aplicativos que está trabalhando com a empresa de blockchain Blockcypher. Ela construiu protótipos que lhe permitem criar sua identidade dentro de um ambiente seguro de blockchain. O ShoCard ID fica em um app em seu telefone e pode ser usado para compartilhar com segurança todos os diferentes tipos de credenciais.

O novo documento alimentador

Talvez você não tenha ouvido falar do Smartrac, mas é bem provável que você toque em uma peça de sua tecnologia todos os dias. O Smartrac é o provedor número um em etiquetas de identificação em radiofrequência (RFID) e outros chips de identificação que ficam dentro de coisas como passaportes e carteiras de identidades.

Um dos maiores desafios que países enfrentam ao combater a falsificação de identidade está na autenticação dos documentos subjacentes usados para elaborar identidades. Há coisas como os cartões de seguridade social, certidões de nascimento e diplomas, que atualmente são fáceis e baratos de roubar.

O Smartrac tem lutado contra esse problema com mais tecnologia, e mais sofisticada. Sua mais recente inovação, o dLoc, é um software de solução de autenticação que permite que documentos alimentadores sejam verificados em um registro de blockchain.

Dados documentais são conectados a um ID único da etiqueta de comunicação por campo de proximidade (CCP) para criar um valor hash de 32 bits, reconhecível somente pela entidade emissora usando-se uma chave particular. O valor hash é armazenado no Smart Cosmos e endossado em um blockchain público. Depois disso, o documento com o adesivo dLoc pode ser verificado usando-se um leitor de desktop ou em um app para celular, em um telefone habilitado para CCP.

O que isso faz é criar duas coisas incríveis, que nunca foram possíveis com documentos de papel:

» Um histórico inalterado do documento, mostrando sua idade e propriedade reais.

» Permitir que autoridades certificadas assinem criptograficamente a autenticidade de um documento. Portanto, mesmo se o papel de base usado para criar documentos for roubado, ele não será assinado da maneira adequada, ou, se um documento for levado depois de ser expedido, ele poderá ser identificado como documento roubado.

NESTE CAPÍTULO

- » **Descobrindo as fundações governamentais lean sendo construídas pelo mundo**
- » **Obtendo uma vantagem inicial em camadas de infraestrutura de internet aprimorada para seu negócio e seu lar**
- » **Começando a fazer sua própria identidade em blockchain**
- » **Monetizando suas informações por meio de contratos inteligentes**

Capítulo 16

Outros Mercados

É fácil focar os mais proeminentes projetos de blockchain e impactos no mercado, mas a tecnologia blockchain já começou a tocar em todos os aspectos da sociedade.

Neste capítulo eu o guio por algumas das aplicações mais interessantes e incomuns da tecnologia blockchain das quais você talvez não tenha desconfiado. Algumas das transformações mais estimulantes ocorrerão dentro de sistemas governamentais, novas camadas de confiança para a internet e novos mercados criados por blockchains. Aqui você descobre as mudanças mais impressionantes que estão acontecendo agora e como essas transformações afetarão sua vida e seu mercado de trabalho, assim como governos e agências que protegem você.

Governos Lean

Alguns países pequenos perceberam que, se vão competir em uma economia global, eles têm de oferecer mais e fazer isso de um jeito que não sobrecarregue seus habitantes. Para competir, eles modificaram muitas das ideias tradicionais sobre o que significa promover cidadania. Em um mundo que está mudando de fronteiras rígidas para outras bem permeáveis, em que pessoas têm o poder de escolher onde viver e qual país chamam de lar, esses países pequenos estão se saindo bem.

Cidadania está se tornando uma commodity que pode ser comprada, com cada nação oferecendo vantagens diferentes. Países estão abandonando o modelo do cidadão passivo, no qual você nasce como cidadão de uma nação, e indo para um no qual você escolhe a cidadania com base nas vantagens que esse país oferece.

Conforme esse novo modelo, a cidadania não está mais ligada a um lugar físico. Um governo pode existir sem fronteiras ou um local físico. Modelos antigos veem a cidadania como um lugar que pode ser invadido e dominado por outra nação ou seus recursos, como uma revolução.

A tecnologia blockchain e outras inovações de alto nível estão sendo adotadas nessas regiões — primeiro, porque elas tornam isso possível, e segundo, porque ajudam a reduzir o ônus governamental ao criarem sistemas mais eficientes que cidadãos podem acessar com rapidez em qualquer lugar do mundo, mesmo se o território físico estiver dominado.

Singapura, Estônia e China foram todas líderes de mercado nesses tipos de iniciativas. O projeto Nação Inteligente de Singapura e o e-Residency da Estônia são sistemas únicos que lutam para reduzir a papelada e o tempo de espera para os cidadãos, e aumenta a eficiência de recursos compartilhados. Os esforços da China para reduzir fraudes mudaram a dinâmica para o espaço blockchain.

O projeto Nação Inteligente de Singapura

Nação Inteligente é o esforço nacional de Singapura para criar um futuro de melhor qualidade de vida para todos os seus cidadãos e habitantes. Pessoas, empresas e governos estão trabalhando juntos. O projeto abrange desde identidade digital até sensores IoT que otimizam registros públicos.

Singapura acredita que pessoas empoderadas por tecnologia podem levar uma vida mais significativa e plena, e está explorando ao máximo novas tecnologias, redes e big data e buscando inovações de forma ativa por meio de sandboxes regulamentares e recrutamento ativo, e incentivando a inovação por startups.

Você pode ver uma imagem da iniciativa Nação Inteligente em `https://goo.gl/EGmF4X` (conteúdo em inglês).

Singapura foi capaz de testar e implementar rapidamente novas tecnologias, porque tem uma única camada governamental. Ela coordena com agilidade políticas e esforços em instituições. Nação Inteligente é um excelente exemplo dessa filosofia de que a nova tecnologia, como sempre, é um trunfo político.

A e-Residency da Estônia

A Estônia é um pequeno país da União Europeia, com 1,3 milhão de habitantes. Ela tem recursos limitados para atender às necessidades de seus cidadãos, mas, por meio da tecnologia, foi capaz de ultrapassar as competências de muitos países maiores. A Estônia lançou carteiras de identidade digitais para serviços online e foi o primeiro país a oferecer a *e-Residency*, uma identidade digital disponível para qualquer um no mundo que esteja interessado em operar um negócio online.

Registrar-se em uma e-Residency da Estônia leva poucos minutos, e a checagem de antecedentes custa cerca de US$100. Ter um cartão e-Residency não o torna cidadão da Estônia, mas lhe dá muitas vantagens.

DICA

Você também pode se tornar um e-Resident da Estônia. Candidate-se online em `https://apply.gov.ee` (conteúdo em inglês).

Depois de sair da União Soviética, a Estônia investiu maciçamente em novas tecnologias. Ela mudou totalmente de um governo tradicional para um que utiliza o *princípio do balcão único* (um só ponto de acesso para cidadãos). O princípio do balcão único permite o acesso a todos os impostos e serviços alfandegários para cidadãos com um único login seguro de qualquer lugar do mundo. Transações diretas e sem papel foram possibilitadas por meio desse sistema. Tudo, com exceção de casamento e compra de imóveis, pode ser feito totalmente online. Cidadãos estonianos podem fazer transferências bancárias ou pagar impostos em poucos minutos.

O povo estoniano se habituou a esperar que seu governo simplifique e use mais soluções de TI. O desenvolvimento ativo de e-services reduziu o número de visitas aos escritórios de serviços do Conselho Fiscal e Aduaneiro Estoniano em mais de 60% entre 2009 e 2016, baixando o custo total.

A Estônia aumentou sua renda e seu quadro social de declaração de rendimentos em 2015, e arrecadou €125 milhões a mais em imposto sobre o valor acrescentado (IVA) em relação ao ano anterior, por conta do desenvolvimento e do uso extensivo de e-services. O governo estoniano acrescentou uma calculadora de impostos que extrai dados dos sistemas bancários incorporados dos cidadãos. Ele também facilitou o envio de faturas ao sistema.

Os estonianos adotaram as tecnologias blockchain. O próximo grande avanço será uma nuvem ativada por blockchain. A Estônia contratou a Ericsson, a Apcera e o Guardtime para desenvolver e operar em conjunto uma plataforma híbrida em nuvem que aprimorará a escalabilidade, a resiliência e a segurança de dados de declarações de impostos e orientações online sobre serviços de saúde.

A Nasdaq também está desenvolvendo serviços de blockchain na Estônia. Ela está construindo um mercado para empresas privadas que mantém um rastreio das cotas que elas emitem e as capacita a liquidar transações imediatamente.

Ela está focada na melhoria do processo de voto por procuração para empresas. Será uma forma de registrar seu negócio.

O projeto Bitnation está colaborando com a Estônia para oferecer um tabelião a e-Residents estonianos, que permitirá a e-Residents da Estônia, independentemente de onde morem ou façam negócios, que autentiquem seus casamentos, certidões de nascimento e contratos de negócios em um blockchain. Documentos autenticados em blockchain não são legalmente válidos na jurisdição estoniana, ou em qualquer outra nação ou estado, mas isso permitirá que cidadãos provem a idade desses documentos.

Melhor autenticação na China

A China tem uma relação de amor e ódio com criptomoedas. Por um lado, cidadãos chineses tentaram usar tokens como uma forma de lavar dinheiro fora do país ou esconder os lucros da tributação. Isso fez com que o governo chinês restringisse a regulamentação em torno do uso de criptomoedas. Entretanto, à medida que a utilidade da tecnologia blockchain subjacente foi expandida além da movimentação de valores, a China começou a adotar a tecnologia blockchain.

Um exemplo interessante de seu uso inicial foi pela Ancun Zhengxin Co., que está liderando a mudança para serviços de autenticação de dados eletrônicos na China por meio de parcerias com mais de 100 agências notariais tradicionais em 28 províncias. Ela também está oferecendo armazenamento eletrônico de dados e soluções em autenticação blockchain através de agências tradicionais.

A Ancun publica milhares de registros em um blockchain que pode ser pesquisado publicamente, que permite a usuários retornar e verificar a autenticidade e a idade de documentos autenticados.

DICA

Muitas startups estão trabalhando em conceitos similares nos Estados Unidos. Por exemplo, a Tierion (`www.tierion.com` — conteúdo em inglês) permite que você faça hash e carimbe a data; ela ancora os dados para você no blockchain do Bitcoin.

A Camada de Confiança para a Internet

Nos últimos 30 anos, a internet foi construída em camadas — uma camada em cima da próxima —, tornando-a mais fácil e mais segura para aqueles que a usam. O blockchain é a próxima camada da internet. Pense nele como a camada de confiança. É provável que ele desapareça silenciosamente da consciência pública e comece a deixar suas interações online mais agradáveis. A implementação da tecnologia blockchain vai, finalmente, eliminar problemas irritantes que em geral acontecem online porque não há meios suficientes de confiar em informações.

Há duas áreas principais em que o trabalho começou das quais talvez você não esteja ciente, mas que vai adorar: e-mail com pouco ou nenhum spam e um novo tipo de identidade online.

E-mail livre de spam

É provável que você odeie spam tanto quanto eu, mas há um problema maior que muitos e-mails não desejados. Os sistemas atuais de e-mail não são mais seguros. No fim de 2016, o Yahoo! sofreu uma das maiores invasões do mundo. Um bilhão de contas de usuários foram comprometidas, e os dados pessoais dos usuários foram expostos.

Segurança de e-mails é um caso de uso atraente para a tecnologia blockchain, e o e-mail está pronto para sofrer disrupção. Uma lenda da segurança online aceitou o desafio. Dr. John McAfee, o pioneiro em software antivírus, criou uma nova plataforma para e-mail com base em tecnologia blockchain.

O John McAfee SwiftMail (`www.johnmcafeeswiftmail.com` — conteúdo em inglês) é um e-mail com base em blockchain. Não é tão diferente dos sistemas de e-mail com os quais você está habituado. É fácil de navegar, e alguns desenvolvedores construíram apps móveis e apps com base em web para tornar a experiência mais conveniente.

O blockchain do SwiftMail confirma que sua correspondência é genuína e que os e-mails que você envia foram recebidos pelas partes pretendidas, removendo a necessidade de confiar seus dados a um terceiro, como o Yahoo!. Também há um pequeno custo implícito para enviar um e-mail que dessensibilize spammers.

O SwiftMail adota um ponto de vista sólido sobre privacidade, enquanto muitos provedores de serviços têm uma atitude blasé. John McAfee afirma: "Se privacidade não importa, você estaria disposto a entregar sua carteira a um completo estranho, deixá-lo abri-la e descrever tudo o que encontrar dentro? Então por que diabos nós acreditaríamos que, se não estamos fazendo nada de errado, não deveríamos nos importar se alguém tem nossas informações?"

O SwiftMail usa endereços de carteira similares à carteira Bitcoin, que é mantida em um aplicativo em seu computador. São 32 caracteres aleatórios sem nenhum metadado para suprimir, e usuários podem criar novos rapidamente, exatamente como você faz com o Bitcoin. Os próprios e-mails têm criptografia de 256 bits, de ponta a ponta, tornando os dados interceptados inúteis a ladrões.

LEMBRE-SE

Atualmente, downloads para o SwiftMail só estão disponíveis para sistemas Android, Linux e Windows. Ainda não há nenhuma versão desse software compatível com a Apple. Não faça download da versão errada.

Outros projetos nesse espaço, incluindo o 21 (`www.21.co` — conteúdo em inglês), estão trabalhando para dar aos e-mails um respaldo em blockchain. Eles criaram um e-mail que cobra de pessoas de fora da sua rede uma taxa para enviarem e-mail a você. Depois eles lhe dão a opção de ficar com o dinheiro ou doá-lo para a caridade.

Detendo sua identidade

Um dos pilares fundamentais sobre o qual entusiastas de blockchain conversam é a responsabilidade pessoal de deter os dados que você criou e que o identificam como único. Esse conceito pode parecer simples, mas a maioria das pessoas não detém ou controla os dados que representam suas identidades.

A maior parte do controle é mantida por bases de dados centralizadas que são vulneráveis a invasões. Essas bases de dados detêm a informação, e autoridades certificadas atestam que a informação está correta e inalterada. Na era da informação, seu dado é sua identidade. Quanto mais distribuídos forem os dados, maior a probabilidade de caírem nas mãos de quem deseja fazer uso indevido deles.

Identidades com base em blockchain colocam o controle da identidade nas mãos de pessoas ou corporações que essa identidade representa. Bases de dados centrais e autoridades certificadas não são necessariamente substituídas. Dados ainda precisam de um lar seguro, e ainda faz sentido ter terceiras partes validando a autenticidade de documentos.

A importância em mudar a ordem de responsabilidade em relação à identidade é que fica mais difícil roubar, manter reféns ou manipular os documentos de base que representam sua identidade. Informações são compartilhadas conforme necessário, sem expor informações desnecessárias.

O Oracle do Blockchain

A tecnologia blockchain não resolve o problema de que a informação precisa vir de algum lugar. Também é importante que a informação possa ser confiável. É o elemento humano que ainda não pode ser removido da equação quando você quer atuar ou contratar dentro de um sistema blockchain.

Não há autoridade central para policiar ou aplicar honestidade em um sistema blockchain. Prever a honestidade futura de autores de informações é impossível. A conclusão lógica é a de que cada transação precisa custar menos que o custo de reconstruir a reputação. As reputações de autores confiáveis são construídas com o tempo, e quanto mais tempo um autor se manter honesto e correto, mais valiosa se torna sua reputação. Esse conceito é similar ao valor de uma marca comercial.

Nesta seção explico como artistas e talentos criativos estão usando a tecnologia blockchain para monetizar seus trabalhos por meio dela.

Autoria confiável

Contratos inteligentes e chain codes criaram uma nova oportunidade para pessoas e corporações reconhecidas monetizarem suas informações. Esses tipos de sistemas precisam de fontes de informação confiáveis para serem executados. Essas fontes confiáveis poderiam ser agências de classificação, climáticas ou praticamente qualquer outra coisa.

Você também poderia conectar dispositivos IoT a uma infraestrutura blockchain e deixá-los criar suas próprias vozes e identidades em uma rede blockchain. Eles precisam construir confiança no decorrer do tempo e ainda podem ser corrompidos em um dado momento. Honestidade no passado não evita desonestidade futura ou a corrupção de uma fonte de informação.

Nem todos os contratos inteligentes ou chain codes são autônomos ou executam a partir de fontes infalíveis. Os casos de uso de negócios mais práticos e aplicáveis exigem que informações provenham de fontes fora do universo conhecido de qualquer rede blockchain. Várias startups estão atacando esse problema de ângulos diferentes.

O Factom criou o Acolyte, um serviço que permite que usuários construam uma reputação no decorrer do tempo para a informação que fornecem à rede. Elaboradores de contratos inteligentes podem assinar e compensar oracles que são criados. Eles podem avaliá-los por sua credibilidade.

De um ângulo dramaticamente diferente, a Augur, outra startup de blockchain, introduziu a ideia de previsão de mercados. A Augur é uma plataforma que recompensa usuários por preverem eventos futuros no mundo real, como eleições ou aquisições corporativas. As apostas são feitas negociando-se cotas virtuais do resultado dos eventos. Usuários fazem dinheiro ao comprar cotas dos resultados corretos. O custo das cotas oscila com base em como a comunidade se sente sobre a probabilidade de o evento acontecer de modo perfeito. A Augur é similar a um site de apostas. Qualquer um pode fazer uma previsão. Qualquer um pode criar uma previsão de mercado para qualquer evento determinado. Por exemplo, isso permitiria que você, como dono de um negócio, fizesse uma enquete sobre o que as pessoas acham que é mais provável que aconteça. Isso também pode revelar informações internas que os autores gostariam de conseguir capitalizar.

Direitos de propriedade intelectual

Uma das indústrias mais duramente atingidas, que está tendo dificuldades com os direitos de propriedade intelectual, é a indústria da música. Artistas consagrados estão sendo extorquidos economicamente pelos diversos intermediários que dependem do trabalho criativo deles. Artistas pequenos não podem fazer da música sua principal fonte de renda, porque veem somente uma pequena parte dos rendimentos. Superastros fazem sucesso por conta do grande número de fãs.

A internet facilitou que artistas de todos os portes compartilhassem seus trabalhos. Ao mesmo tempo, ela dificultou ainda mais que pessoas vivessem uma vida confortável fazendo o que amam. A cadeia alimentar da indústria da música é longa, e cada intermediário fica com um pedaço pequeno do bolo e aumenta o tempo necessário para que a verba finalmente chegue ao artista. Com frequência, o artista esperará 18 meses ou mais para ver a cor do dinheiro, e talvez consiga somente US$0,000035 por cada vez que sua música for reproduzida. Essa situação é o melhor cenário em nosso mercado atual, sem ninguém enganando o artista.

O blockchain foi introduzido como uma maneira de ajudar a aliviar o imenso fardo financeiro dos talentosos. Criptomoedas poderiam ser usadas para reduzir taxas de transação associadas a cartões de crédito e fraude. Também abriria novos mercados em países em desenvolvimento que não têm acesso regular a cartões de crédito.

Uma possibilidade ainda mais interessante, mas menos direta, seria migrar todo o ecossistema da indústria da música para um sistema blockchain que utilizasse contratos inteligentes ou chain code para facilitar pagamento imediato para utilização. Também poderia esclarecer a propriedade de licenças e facilitar aos consumidores o licenciamento de música para uso comercial.

Vários projetos estão trabalhando nessa questão e buscando promover um ecossistema saudável, sustentável e sem atritos — um que não desbanque o agente do mercado, mas que permita aos artistas ganhar um pouco mais por seu trabalho duro.

A UjoMusic está fazendo testes beta em sua plataforma para permitir que usuários vendam e licenciem música de forma direta. Ela utiliza a rede Ethereum, contratos inteligentes para execução e o ether (a criptomoeda do Ethereum) para pagamentos. Você pode baixar uma música inteira ou somente as faixas vocais e instrumentais para uso comercial ou não comercial. Os músicos, então, são imediatamente pagos em Ether.

A Peertracks é outra startup de blockchain que está trabalhando para mudar a indústria da música. É um site de streaming musical que permite aos usuários baixar e descobrir novos artistas. Ele faz isso através de sua rede ponto a ponto chamada MUSE e da criação de tokens individuais de artistas. Esses tokens funcionam como outras criptomoedas, e seu valor varia dependendo da popularidade do artista.

A tecnologia blockchain não exclui a necessidade de selos musicais e distribuidores. Entretanto, eles terão de agir rápido se não quiserem ser desbancados por novas empresas que adaptam esse modelo mais eficientemente, assim como a Netflix foi uma disrupção para as locadoras.

5
A Parte dos Dez

NESTA PARTE...

Descubra dez fontes gratuitas de blockchain que vão ajudá-lo a ficar por dentro da tecnologia e da indústria.

Identifique dez regras para nunca quebrar ao trabalhar no mundo da criptomoeda e do blockchain.

Descubra mais sobre os dez principais projetos de blockchain e organizações que estão moldando o futuro da indústria.

NESTE CAPÍTULO

» Descobrindo recursos educacionais gratuitos de blockchain

» Envolvendo-se na comunidade Blockchain

» Mantendo-se atualizado com as últimas notícias sobre blockchain

» Aprofundando seu conhecimento de outras fontes de blockchain

Capítulo 17

Dez Recursos Gratuitos de Blockchain

Neste capítulo destaco fontes gratuitas interessantes pelo ecossistema blockchain que vão ajudá-lo a se manter informado e a se envolver na comunidade. Aqui você pode encontrar ferramentas gratuitas para fazer *oracles* (a alimentação de dados que permitem executar contratos inteligentes), vídeos que ampliarão seu conhecimento e organizações que estão moldando o futuro da indústria.

Universidade Factom

O Factom, Inc. é uma empresa de blockchain a serviço da rede aberta Factom. Ele elabora aplicativos personalizados de blockchain para grandes corporações e governos, e também construiu um blockchain como um produto de serviço para o mercado hipotecário dos Estados Unidos.

A Universidade Factom (www.factom.com/university — conteúdo em inglês) foi criada pelo Factom, Inc. e é uma base de conhecimento em ascensão criada para ensinar às pessoas a tecnologia blockchain, a plataforma Factom e APIs. Ela consiste em vídeos e tutoriais que vão transformá-lo de novato em especialista. A Universidade Factom tem planos de lançar um programa de certificação, então fique ligado!

Ethereum 101

O Ethereum é um projeto de código aberto financiado coletivamente que construiu os blockchains do Ethereum. É um dos projetos mais importantes no espaço, porque foi o pioneiro na construção de uma linguagem de programação dentro de um blockchain. Por conta de sua linguagem de programação integrada, a rede Ethereum permite que você elabore contratos inteligentes, crie organizações descentralizadas e implemente aplicações descentralizadas.

O Ethereum 101 (www.ethereum101.org — conteúdo em inglês) é um site iniciado por membros da comunidade Ethereum. É um repositório de curadoria de conteúdo educacional de alta qualidade sobre tecnologia blockchain e a rede Ethereum. Anthony D'Onofrio, diretor de Comunicação do Ethereum, supervisiona o projeto.

Construir o Ripple

O Ripple fornece soluções para acordos financeiros mundiais. Sua rede de acordos distribuída é construída com tecnologia de fonte aberta que qualquer um pode usar. O Ripple adverte que suas funções blockchain devem ser usadas somente por instituições financeiras credenciadas.

O Ripple desenvolveu uma sólida base de conhecimento para construir sua plataforma (www.ripple.com/build — conteúdo em inglês). Essa base de conhecimento é concebida, em princípio, para desenvolvedores. O Ripple também proporciona alguns recursos para reguladores financeiros. Vale a pena a leitura mesmo que você não seja um regulador, porque ela lhe dá alguns insights sobre responsabilidades legais que vêm com a tecnologia blockchain.

Dinheiro Programável pelo Ripple

Steven Zeiler é um funcionário do Ripple que desenvolveu séries no YouTube sobre como criar dinheiro programável na rede Ripple usando JavaScript. Essas séries são voltadas para programadores em JavaScript. No momento da redação deste livro havia dez vídeos que falam sobre desenvolvimento. Confira a série no YouTube em `https://goo.gl/g8vFPL` (conteúdo em inglês).

DigiKnow

O DigiByte é uma rede de pagamento descentralizada inspirada pelo Bitcoin. Ela permite que você movimente dinheiro pela internet e oferece transações mais rápidas e taxas mais baixas que o Bitcoin. A rede também está aberta a quem quiser minerar seu token nativo.

O fundador do DigiByte, Jared Tate, criou uma série de vídeos no YouTube chamada DigiKnow, que ensina a você praticamente tudo o que precisa saber para utilizar o DigiByte. Aqui está o link para o primeiro vídeo, no qual ele o conduz pelo básico sobre como os blockchains funcionam e como a rede DigiByte agrega valor: `https://youtu.be/scr6BzFddso` (conteúdo em inglês).

Universidade Blockchain

A Universidade Blockchain é um site educacional que ensina o ecossistema blockchain a desenvolvedores, gerentes e empreendedores. Ela oferece programas de treinamento públicos e particulares, hackathons e eventos de demonstração. Seus programas são design thinking orientados para soluções e treinamentos experimentais interativos. Você pode encontrar a Universidade Blockchain em Mountain View, na Califórnia, ou em `http://blockchainu.co` (conteúdo em inglês).

Bitcoin Core

O Bitcoin Core (`https://bitcoin.org` — conteúdo em inglês) foi inicialmente usado por Satoshi Nakamoto para hospedar seu whitepaper sobre o protocolo do Bitcoin. É o lar de seu material educacional sobre o protocolo central do Bitcoin e de versões para download do software Bitcoin original.

O site se dedica a manter o Bitcoin descentralizado e acessível a pessoas comuns.

É um projeto gerenciado pela comunidade, e nem todos os conteúdos são administrados pela equipe principal. Tenha isso em mente ao examinar o site.

Blockchain Alliance

A Blockchain Alliance foi fundada pelo Blockchain Chamber of Digital Commerce (Câmara do Comércio Digital Blockchain) e pela empresa jornalística Coincenter. É uma colaboração público-privada pela comunidade blockchain, pelo cumprimento da lei e por legisladores. Eles compartilham o objetivo comum de tornar o ecossistema blockchain mais seguro e promover desenvolvimento adicional de tecnologia. Eles fazem isso ao combater atividades criminais no blockchain fornecendo educação, assistência técnica e sessões de informações periódicas relacionadas ao Bitcoin e a outras moedas digitais, e utilizam tecnologia blockchain.

Você pode saber mais sobre os eventos deles ou se juntar à organização em `www.blockchainalliance.org` (conteúdo em inglês).

Blog Multichain

A Multichain é uma empresa que ajuda organizações a construírem com rapidez aplicativos em blockchains. Ela oferece uma plataforma que pode emitir milhões de ativos em um blockchain privado, e você também pode rastrear e verificar atividades em sua rede por meio das ferramentas dela. Além desse conjunto de ferramentas e da plataforma, ela foi líder de opinião no espaço blockchain.

Estes são meus posts favoritos do seu blog (`www.multichain.com/blog` — conteúdo em inglês):

- Four genuine blockchain use cases (Quatro casos de uso verídicos de blockchains em `www.multichain.com/blog/2016/05/four-genuine-blockchain-use-cases/` — conteúdo em inglês).
- Beware the impossible smart contract (Cuidado com o contrato inteligente impossível em `www.multichain.com/blog/2016/04/beware-impossible-smart-contract/` — conteúdo em inglês).
- Smart contracts and the DAO implosion (Contratos inteligentes e a implosão da DAO em `www.multichain.com/blog/2016/06/smart-contracts-the-dao-implosion/` — conteúdo em inglês).
- Understanding zero knowledge blockchains (Compreendendo blockchains do zero em `www.multichain.com/blog/2016/11/understanding-zero-knowledge-blockchains/` — conteúdo em inglês).

A HiveMind

Paul Sztorc fundou o Truthcoin, um sistema oracle ponto a ponto e mercado de predição para o Bitcoin. Ele utiliza um sidechain proof-of-work que armazena dados do estado de mercados de predição. O Bitcoin pode apoiar derivativos financeiros e contratos inteligentes por meio da HiveMind, a plataforma desenvolvida fora do whitepaper do Truthcoin. Verifique seus recursos e materiais educativos em `http://bitcoinhivemind.com` (conteúdo em inglês).

NESTE CAPÍTULO

- » Descobrindo suas vulnerabilidades legais
- » Entendendo as deficiências técnicas dos blockchains
- » Identificando os pontos máximos de ataque para roubo em seus sistemas
- » Desenvolvendo suas melhores práticas de segurança

Capítulo 18

Dez Regras para Nunca Quebrar em Relação a Blockchains

Neste capítulo eu me aprofundo nas coisas que você deveria levar em conta ao trabalhar com a tecnologia blockchain e com as criptomoedas que a comandam.

LEMBRE-SE

Sempre consulte seu contador e seu advogado antes de tomar decisões financeiras. Essa tecnologia é nova, e as regras que a controlam não estão totalmente desenvolvidas.

Não Use Criptomoedas ou Blockchains para Burlar a Lei

A legalidade e as zonas legais de criptomoedas ainda estão oscilando em muitos lugares no mundo. Não estou brincando quando digo que você fale com seu contador e seu advogado. Será dinheiro bem gasto e vai mantê-lo longe de encrencas.

Aqui estão três perguntas bem absurdas que me fazem com uma frequência assustadora:

» **Posso usar criptomoeda como uma forma de esconder dinheiro?** Essa ideia é perigosa. ***Lembre-se:*** blockchains mantêm para sempre os registros de todas as transações, então, mesmo que você pense que encontrou um jeito esperto de esconder alguns tokens, aqueles procurando por mau comportamento têm tempo para encontrá-lo.

» **Posso usar blockchains como uma forma de contrabandear dinheiro para fora do meu país?** Muitos países têm limitações do capital que cidadãos podem tirar do país. Você não vai querer fazer isso pelo mesmo motivo que acabei de mencionar: blockchains mantêm registros de todas as transações para sempre.

» **Posso usar criptomoedas para comprar mercadorias ilícitas?** A resposta é — você adivinhou — não! Blockchains mantêm um rastro de suas ações *para sempre!*

LEMBRE-SE

Não faça nada com criptomoedas e blockchains que seria ilegal fazer com dinheiro real.

Mantenha Seus Contratos o Mais Simples Possível

Organizações autônomas descentralizadas (DAOs), contratos inteligentes e chaincode são todos a moda do momento. A promessa de cortar custos de controle e legais é muito sedutora para muitas corporações. Uma característica por vezes negligenciada dessa tecnologia é que ela é apenas código. Isso significa que não há nenhum ser humano interpretando as regras que você estipulou para todo o mundo seguir. O código se torna lei, e a lei apenas se estende ao que está incorporado no contrato blockchain. A "gordura" que foi cortada às vezes pode ser muito importante.

Não há ninguém para interpretar o código. Isso significa que, se o código é executado de um modo que você não esperava, também não há ninguém para aplicar a intenção do contrato. O código é lei, e nada ilegal aconteceu. Esse é o motivo pelo qual você deveria deixar seus contratos simples e modulares por natureza, para incluir e prever os resultados do preenchimento do contrato. Também é uma boa ideia ter seu contrato testado e criticado inclusive por outros desenvolvedores que são incentivados a quebrá-lo.

O alcance do blockchain no qual você está construindo seu projeto também importa. Você pode pensar nele como jurisdições. Claro, um contrato inteligente pode executar em dados externos, mas não pode exigir fundos de contas às quais não têm acesso. Isso significa que todo o valor deve ser deixado de lado de algum modo, o que pode sobrecarregar o fluxo de dinheiro.

Outra coisa para pensar é na fonte de informações que seu contrato usa para executar. Se são dados climáticos para um contrato de seguro, você confia na fonte e concorda com ela? É possível manipular os dados da fonte? Muita reflexão deveria entrar na fonte oracle* antes da implementação.

Publique com Imenso Cuidado

O ponto principal dos blockchains é que, uma vez que os dados são inseridos, é difícil tirá-los. Isso significa que o que você inserir ficará na área por um longo tempo. Se você publica informação sensível criptografada, precisa concordar com o fato de que os dados criptografados um dia podem ser quebrados, e o que você publicou pode ser lido por qualquer um.

DICA

Pense nisto antes de publicar:

- Eu ficaria à vontade se essa informação fosse descriptografada em algum momento?
- Fico à vontade em compartilhar essa informação por toda a eternidade com qualquer um que queira avaliá-la?
- Esses dados são prejudiciais a um terceiro e algo pelo qual eu poderia ser responsabilizado se publicasse?

Há um trabalho sendo feito em criptografia para elaborar criptografia de prova quântica, mas, por conta de a computação quântica e a criptografia de prova quântica ainda estarem em fase de testes, fica difícil afirmar do que a tecnologia será capaz daqui a 20 anos.

* Oracle é uma entidade responsável por alimentar dados externos no contrato, permitindo sua execução.

Faça Cópias, Cópias e Mais Cópias de Suas Chaves Privadas

LEMBRE-SE

Blockchains são criaturas muito implacáveis. Eles não se importam se você perdeu suas chaves privadas ou senhas. Muitos nerds de criptomoedas foram expostos e jogaram incontáveis tokens no grande oceano blockchain — tesouro que nunca mais será recuperado.

As chaves particulares que controlam sua criptomoeda muitas vezes ficam dentro das suas carteiras, então é importante protegê-las e mantê-las seguras. Cuidado com serviços online que armazenam seu dinheiro para você. Muitos câmbios de criptomoeda e carteiras online tiveram seus fundos roubados.

DICA

Armezene somente quantias pequenas de tokens para uso diário online ou em um dispositivo acessível pela internet. Pense em carteiras de criptomoeda como sua carteira de dinheiro. Não guarde mais dinheiro nela do que pretende perder a qualquer momento. Mais de uma centena de aplicativos malware conhecidos estão querendo se apossar de suas chaves privadas e roubar seus tokens.

Mantenha o restante de suas moedas em *armazenamento frio* — completamente offline, com zero acesso à internet. Pode ser em uma carteira de papel ou um computador sem acesso à internet, ou em um dispositivo hardware particular elaborado para proteger criptomoedas.

Se escolher usar uma carteira de papel para proteger suas criptomoedas, lamine-a e faça cópias. Tenha em mente, também, que impressoras muitas vezes têm acesso à internet, e que os dados delas podem ser recuperados por terceiros. Os verdadeiros paranoicos usam somente impressoras que não têm acesso nenhum à web. Mantenha suas cópias de carteiras de papel em locais diferentes, como um cofre bancário e um lugar seguro na sua casa.

LEMBRE-SE

Faça backup de suas carteiras digitais e armazene-as em um lugar seguro. Um backup é para o caso de seu computador falhar, ou se você cometer um erro e deletar o arquivo errado. O backup permitirá que você recupere sua carteira no caso de seu dispositivo ser corrompido ou roubado. Do mesmo modo, não se esqueça de criptografar sua carteira. Criptografá-la permite que você defina uma senha para tokens sacados.

CUIDADO

A criptografia é uma maneira útil de se proteger contra ladrões, mas ela não pode blindar você contra softwares keylogging. Sempre use uma senha segura que contenha letras, números, sinais de pontuação e que tenha, pelo menos, 16 caracteres. As senhas mais seguras são as geradas por programas projetados especificamente para esse fim. Senhas fortes são mais difíceis de recordar. Você deve considerar escrever sua senha e laminá-la, como suas chaves privadas. Há opções limitadas de recuperação de senha dentro de criptomoedas, e uma senha esquecida poderia significar tokens perdidos.

FERRAMENTAS PARA MANTER SEUS TOKENS SEGUROS

Talvez você tenha de considerar usar a carteira BitGo para proteger seus bitcoins. Embora seja uma carteira online, o BitGo exige uma assinatura online e uma offline para movimentar seus tokens. Por conta dessa funcionalidade, ela é mais segura que sua carteira online padrão.

Carteiras BitGo usam três chaves. Elas detêm uma, você, a outra, e a última é mantida em seu nome por um serviço de recuperação de chave (KRS) de um terceiro. São exigidas duas assinaturas em cada transação. Em geral, isso é feito pelo BitGo e por você, a menos que perca uma das chaves. Nesse caso, o KRS ajudará. A carteira BitGo não é gratuita — ela exige uma pequena taxa por transação.

Confira a carteira BitGo em `www.bitgo.com/wallet` (conteúdo em inglês).

Verifique Três Vezes o Endereço Antes de Enviar Moedas

As criptomoedas atraíram um bom número de malandros, então cuidado ao enviar dinheiro. Assim que o dinheiro sai de sua carteira, ele se foi para sempre, e não há meios de consegui-lo de volta. Não há estornos, e você não pode ligar para o atendimento ao cliente. Seu dinheiro se foi.

Confira três vezes o endereço da carteira antes de enviar. Você vai querer ter certeza de que está enviando ao endereço certo.

Cuidado ao Usar Plataformas de Negociação

Plataformas de negociação de criptomoedas são pontos centrais que os invasores gostam de mirar para roubar tokens. Elas são vistos como potes de ouro prontos para serem pegos, e mais de 150 delas foram comprometidos.

Tenha isso em mente ao usar plataformas de negociação e siga as melhores práticas traçadas neste livro para manter seus tokens seguros. Faça uma breve pesquisa sobre a plataforma de negociação que está usando para verificar de quais medidas de segurança ela dispõe.

Por fim, use câmbios somente para movimentar seus fundos. Não use o câmbio como um local para armazenar valores. Em vez disso, guarde quantidades significativas de criptomoeda em armazenamento frio ou em uma carteira de papel laminado com várias cópias.

Cuidado com o Wi-Fi

Se seu roteador não foi configurado corretamente, é possível que alguém veja um registro de toda a sua atividade. Se você está em uma rede pública, presuma que o proprietário da rede pode ver sua atividade.

CUIDADO

Use somente redes Wi-Fi confiáveis e certifique-se de ter mudado a senha em seu roteador para algo tão seguro quanto uma senha. A maioria das senhas de roteador Wi-Fi são definidas por um padrão de fábrica de "admin" e podem ser facilmente tomadas por um terceiro.

Identifique Seu Dev Blockchain

A tecnologia blockchain é nova, e não há muitas pessoas que têm ampla experiência quando o assunto é construir aplicativos blockchain.

Se está pensando em contratar uma desenvolvedor para ajudá-lo com seu projeto, confira seu GitHub e veja qual trabalho ela fez antes de começar. Ele pode não ter experiência especificamente com blockchain, mas, se não tiver, precisa ser um desenvolvedor muito experiente fora do mundo blockchain.

Ainda não há muitos recursos por aí que ajudam desenvolvedores quando eles não conseguem prosseguir. Desenvolvedores inexperientes talvez tenham mais dificuldades e levem mais tempo para desenvolver seu aplicativo.

Não Seja Feito de Trouxa

A indústria blockchain em geral não tem a mesma proteção e medidas de segurança que os bancos e outras instituições financeiras têm, e as leis para sua proteção e bem-estar financeiro não são as mesmas. Não há proteção ao consumidor e nenhum seguro bancário de fundos do FDIC (Seguro de Depósito Bancário Federal) pelo governo. Se você for roubado ou enganado, talvez não consiga receber ajuda de ninguém.

Do mesmo modo, a indústria teve muita propaganda exagerada nos últimos anos, sem fornecer muitas coisas de valor real. O ano de 2016 viu mais de 1.000 novas companhias de blockchain estourarem da noite para o dia, alegando perícia. Quando você está visando desenvolver um projeto e tentando decidir se vale a pena o investimento, sempre é uma boa ideia reservar um minuto e ter certeza se ele ao menos faz sentido. Faça a si mesmo as seguintes perguntas:

- Há valor real gerado?
- O valor é criado de uma forma vantajosa para você?
- Há outras tecnologias mais comprovadas que poderiam ser usadas para realizar as mesmas coisas com a mesma eficiência, ou melhor?

A tecnologia blockchain sustenta muita promessa e potência e, como tal, deveria ser considerada com ponderação e cuidado.

Não Comercialize Tokens a Menos que Saiba o que Está Fazendo

Criptomoedas são muito voláteis e oscilarão muito em valor a qualquer dado momento, às vezes por nenhum motivo identificável. Muitas das criptomoedas têm pouca profundidade, e comercializar grandes quantidades pode colapsar o valor de mercado. Trabalhar com blockchains publicados significa que você provavelmente terá de guardar uma quantidade de moedas para utilizá-los.

Não se enrole comercializando tokens, a menos que reserve um tempo para entender bem o mercado. Se você optar por comercializar os tokens, não se esqueça de relatar essa atividade ao seu contador. Talvez você precise relatar seus ganhos ou perdas em sua declaração de imposto de renda.

NESTE CAPÍTULO

» Aprofundando-se em iniciativas blockchain inovadoras

» Descobrindo implementações em blockchain globais

Capítulo 19

Dez Projetos Principais em Blockchain

Novas startups de blockchain estão surgindo todos os dias, e empreendedores viram oportunidades de capitalizar com a oferta de ferramentas de blockchain muito poderosas para movimentar o dinheiro mais rápido, assegurar sistemas informáticos e construir identidades digitais.

Neste capítulo apresento você a alguns de meus projetos e companhias favoritas. Depois de ler este capítulo você terá uma ideia de algumas das coisas incríveis acontecendo dentro do espaço do software blockchain. Talvez você tenha, inclusive, algumas ideias sobre o que poderia fazer por conta própria!

O Consórcio R3

Muitos bancos investiram na construção de protótipos de blockchain — muitos para exigências Conheça Seu Cliente (KYC) antilavagem de dinheiro e protótipos para reduzir os custos de câmbio monetário. Eles têm de superar vários desafios, incluindo a segurança de informações privadas e a zona cinza regulatória das criptomoedas.

A R3 (`www.r3cev.com` — conteúdo em inglês) é uma companhia inovadora que construiu um consórcio com mais de 75 das instituições financeiras líderes do mundo para integrar e tirar vantagem da nova tecnologia blockchain. A R3 está aprimorando a troca além-fronteiras, baixando o custo da auditoria e melhorando a velocidade da transferência de fundos entre bancos e os acordos.

Os três pilares da R3 são os seguintes:

- **Um blockchain de categoria financeira:** A R3 desenvolveu a tecnologia básica de camadas que apoia as necessidades de instituições financeiras mundiais.
- **Pesquisa e desenvolvimento:** A R3 criou um centro de pesquisa bilateral que está testando e criando padrões industriais para tecnologia blockchain de categoria comercial.
- **Desenvolvimento de produtos:** A R3 trabalha em estreita colaboração com instituições para criar produtos que resolvam os problemas de altos e baixos na cadeia de valores.

A R3 desenvolveu uma plataforma blockchain para instituições financeiras chamada Corda. A Corda é uma plataforma de livros-razão distribuídos projetada para gerenciar e sincronizar acordos financeiros entre instituições financeiras regulamentadas. Ao contrário da maioria dos blockchains, que transmitem suas transações por toda a rede, transações podem executar em paralelo, em nós diferentes, sem que um nó esteja ciente das transações do outro. O histórico da rede fica em uma base need-to-know (que precisa ser conhecida).

Elementos-chave da Corda incluem os seguintes:

- **Acesso controlado.** Apenas partes com necessidade legítima need to know podem ver os dados.
- **Não há controlador central.**
- **Nós observadores e supervisores regulatórios.**
- **Validação da transação pelas partes, em vez de um pool maior de validadores não relacionados.**
- **Apoio para uma variedade de mecanismos de consenso.**
- **Nenhuma criptomoeda nativa.**

T ZERO: Ultraestocando o Mercado de Ações

A T ZERO é uma plataforma que integra tecnologia blockchain a processos de mercado existentes, a fim de reduzir o tempo de configuração e custos, e ampliar transparência, eficiência e auditabilidade. A T ZERO consegue fazer isso porque é modular e adaptável.

A T ZERO é subsidiária do Overstock.com, focando o desenvolvimento e a comercialização de tecnologias com base em fintech respaldadas em livros-razão descentralizados e criptograficamente seguros. Desde sua origem, em outubro de 2014, a T ZERO (`www.t0.com` — conteúdo em inglês) fundou o trabalho com produtos blockchain comerciais.

Tem parceria com a Keystone Capital Corporation, uma corretora independente situada na Califórnia, para criar a primeira emissão pública de ações em blockchain. Juntas elas fornecem serviços de corretagem para usuários que comercializam títulos blockchain.

Patrick Byrne, fundador e presidente executivo da Overstock, liderou essa iniciativa. As práticas comerciais obscuras de Wall Street abriram oportunidades de mercado para uma plataforma de negócios clara e confiável, na qual clientes sabem o que estão comprando e os custos envolvidos. A SEC declarou eficaz a matriz de arquivamento S-3 da Overstock.com, dando-lhe a capacidade de emitir cotas de blockchain em uma oferta pública. Ela também fez parceria com o Industrial and Commercial of Bank of China (ICBC), o maior banco do mundo, para testar a plataforma.

Byrne realizou isso por meio da Medici, subsidiária de tecnologia financeira de participação majoritária da Overstock.com. A Medici foca a aplicação de tecnologia blockchain para resolver problemas significativos de transações financeiras. Sua primeira iniciativa é limpar liquidações de títulos.

Os Sistemas Distribuídos da Blockstream

A Blockstream (`www.blockstream.com` — conteúdo em inglês) tem uma reputação excelente em fornecer tecnologias blockchain e tem foco principal em sistemas distribuídos. A Blockstream oferece soluções em hardware e software para organizações que utilizam redes com base em blockchain.

A Blockstream Elements é a plataforma de software central da companhia e segmento de um projeto de código aberto. Ela proporciona vários recursos e um protocolo altamente produtivo para desenvolvedores de blockchain.

O principal campo de inovação da Blockstream são sidechains, que dimensionam a utilidade de blockchains já existentes, reforçando sua privacidade e funcionalidade ao acrescentar características como contratos inteligentes e transações confidenciais. Sidechains evitam falta de liquidez que muitas criptomoedas experienciam. Sidechains também permitem que ativos digitais sejam transferidos entre blockchains diferentes.

Sidechains possibilitam que empresas comerciais compartilhem de maneira prática em um blockchain sem se preocupar com o custo da transação ou a baixa velocidade na rede. A infraestrutura distribuída de gestão de ativos também pode alavancar a rede Bitcoin, permitindo que pessoas e organizações emitam diferentes classes de ativos.

A Blockstream também trabalhou para criar a Lightning Network, um sistema que permite ao Bitcoin respaldar o micropagamento sem reduzir a velocidade a rede. A Lightning Network respalda volumes altos de pagamentos pequenos usando taxas proporcionais de transação e operando muito rápido. Ela está desenvolvendo mais protótipos Bitcoin Lightning e criando consenso e interoperabilidade.

O Blockchain da OpenBazaar

O OpenBazaar (`www.openbazaar.org` — conteúdo em inglês) é um projeto de código aberto que construiu uma rede descentralizada para comércio digital ponto a ponto. Em vez de modelos tradicionais em que compradores e vendedores passam por um serviço centralizado, como a Amazon ou o eBay, a plataforma OpenBazaar conecta-os diretamente. Eles também utilizam a criptomoeda do Bitcoin para cortar taxas e restrições.

Você precisa baixar e instalar o programa OpenBazaar em seu computador, e então ele o conecta com outras pessoas que estão querendo comprar e vender mercadorias e serviços. É uma rede ponto a ponto não controlada por nenhuma companhia ou organização. Depois de baixar o app, é fácil se registrar como comprador ou vendedor. Quando estiver pronto para comprar algo, é só fazer uma pesquisa e ver o que aparece. É como uma versão anarquista do eBay.

O OpenBazaar talvez possa se parecer muito com o Silk Road, mas não parece. Ao contrário do Silk Road, os usuários não são anônimos. Eles podem ser facilmente rastreados com seus endereços de IP, o que o torna bem pouco atraente para criminosos. Você pode puxar dados de vendedores locais do API

OpenBazaar e mapear a posição de todos os participantes na rede. Há poucas formas de esconder sua localização, e o envio de mensagens mais privado está sendo explorado, mas atualmente há pouco ou nenhum comércio ilegal na rede.

O OpenBazaar está trabalhando para atrair negociantes importantes e varejistas independentes. Os que podem operar transações no Bitcoin e querem guardar dinheiro poderiam obter uma vantagem concorrencial na competição.

Code Valley: Encontre Seu Codificador

O Code Valley (`www.codevalley.com` — conteúdo em inglês) pega o modelo tradicional de desenvolver códigos e o transforma no oposto. Ele se descreve como um "Compilador Mundial". O Code Valley oferece a desenvolvedores uma ferramenta de mercado para construir softwares em colaboração com outros desenvolvedores por meio do que o Code Valley chama de "agentes".

Cada agente dentro do sistema retorna um fragmento do código para o projeto do cliente. O Code Valley também cria um mercado aberto para empreendedores.

No Code Valley, clientes têm acesso a uma rede mundial de desenvolvedores dispostos e capazes de construir softwares para eles. O Code Valley trabalha de maneira similar ao modo como funcionam sites freelancers online, como o Upwork. Desenvolvedores nesse sistema ganham dos clientes oportunidades de construir software. Em troca, os clientes precisam selecionar com cuidado quem pode trabalhar nos projetos deles.

O Code Valley também trabalha um pouco como um objeto de acesso a dados (*data access object*, DAO) em que, quando um novo projeto é criado, ele aciona a formação de um compilador de software oculto e em formato de colmeia. O aplicativo do cliente é construído em colaboração com o compilador por muitos agentes diferentes. O Code Valley está industrializando a criação de softwares com a tecnologia blockchain.

Ativos Digitais do Bitfury

O Grupo Bitfury (`www.bitfury.com` — conteúdo em inglês) começou como uma empresa mineradora de Bitcoin, mas fez a transição para uma empresa de serviço integral em tecnologia blockchain. O Bitfury desenvolve softwares e cria soluções em hardware para empresas e governos a fim de movimentar ativos pelos blockchains.

O Bitfury é totalmente dedicado ao aperfeiçoamento do ecossistema blockchain do Bitcoin. Sua tecnologia ajuda no gerenciamento eficiente de ativos digitais. Ele oferece segurança adicional a transações blockchain públicas e privadas, usando soluções de hardware e software.

O Bitfury processa transações blockchain privadas e públicas. Também ajuda clientes com análise em blockchain. O Bitfury utiliza o histórico imutável e sempre visível ao público de transações Bitcoin e realiza análise de dados avançada para históricos de transação. Governos usaram esse tipo de trabalho para rastrear atividades criminosas no blockchain do Bitcoin.

O Bitfury também está envolvido no desenvolvimento da Lightning Network. A Lightning é uma rede de sobreposição para o blockchain do Bitcoin, permitindo microtransações instantâneas.

O Bitfury também está trabalhando em um registro de direitos de propriedade. A República da Geórgia fez parceria com o Bitfury para registrar títulos de terras. O registro da propriedade fica gravado em um blockchain para proteger o histórico em um estado inalterável. A transferência segura da propriedade seria economicamente benéfica no mundo em desenvolvimento.

Qualquer Moeda Pode Utilizar ShapeShift

O ShapeShift (`www.shapeshift.io` — conteúdo em inglês) é uma das maneiras mais rápidas de trocar ativos e moedas em blockchain. É permitido aos usuários comercializar moedas digitais no prazo de segundos usando esse serviço. Os usuários não têm que se preocupar com segurança — não há login. Através de seus sistemas, o ShapeShift minimiza de maneira significativa o risco de tokens roubados.

O ShapeShift segue uma estrita política "sem moeda fiduciária" ("*no fiat*"). Na indústria de serviços financeiros, *fiat* não se refere ao carrinho italiano fofo. Em vez disso, é uma forma de diferenciar moedas emitidas pelo governo. No ShapeShift, não é permitido aos usuários comprar criptomoedas com contas bancárias, ou cartões de crédito ou débito. O ShapeShift pode ser usado no mundo todo, exceto na Coreia do Norte e no estado de Nova York.

Usar o ShapeShift é muito fácil. Você vai ao site e especifica o tipo de moeda que quer trocar e para qual carteira quer enviar os tokens trocados. O ShapeShift troca os tokens para você, recebe-os em uma conta e, então, envia-os ao destino que você especificou.

Várias fontes comerciais determinam a taxa de câmbio usada pelo ShapeShift, que permanecerá sempre a mesma, independentemente do valor da moeda trocada. Você também pode converter bitcoin e outras criptomoedas diretamente dentro do ShapeShift.

O ShapeShift proporciona muitas características e ferramentas únicas, como o Shifty Button e o ShapeShift Lens, que permitem aos usuários adquirir itens com qualquer criptomoeda alternativa e receber pagamentos em altcoin de forma rápida e direta.

Apps com Pagamento Automático no 21

O 21 Inc. (`www.21.co` — conteúdo em inglês) é uma das empresas de blockchain mais bem financiadas no espaço blockchain, com mais de US$116 milhões levantados. Andreessen Horowitz, Data Collective, Khosla Ventures, RRE Ventures e Yuan Capital estão entre as empresas de capital de risco que contribuíram com o 21.

O 21 está construindo softwares e hardwares que facilitam trabalhar com o Bitcoin sobre HTTP. Ele facilita pagamentos rápidos de máquina para máquina. Usuários podem enviar, receber e implementar micropagamentos sobre HTTP. O 21 também permite aos usuários criar apps de pagamento automático em seu sistema.

Um dos dispositivos do 21 é um chip de mineração acoplável, chamado BitShare. Ele pode ser acoplado a um dispositivo conectado à internet como um chip autônomo, ou integrado a um chipset existente, como um bloco de IP. O BitShare gera um fluxo de moedas digitais para usar em uma vasta gama de aplicativos.

O 21 também faz quatro outras coisas. Ele tem:

- Um app disponível para download que é uma forma rápida de conseguir bitcoins em qualquer país, sem conta bancária ou cartão de crédito.
- Uma loja na qual você pode comprar ou vender chamadas API para Bitcoin com desenvolvedores do mundo todo, assim como adicionar micropagamentos em bitcoin com uma linha de código.
- Um painel que pode monitorar seus ganhos em bitcoin e atividades na rede.
- Um sistema que deixa você se conectar com desenvolvedores e hospedar seus APIs de pagamento automático.

Transações Anônimas no Dash

O Dash (`www.dash.org` — conteúdo em inglês) é a primeira criptomoeda modelada depois do Bitcoin. Os desenvolvedores do Dash quiseram acrescentar mais privacidade a suas transações. (Na rede Bitcoin, qualquer um pode rever seu histórico de transações.) Portanto, o Dash permite que você mantenha seus fundos e transações financeiras privados. Ele faz isso através de um protocolo misto, que torna anônimas as transações misturando transações de várias partes, mesclando seus fundos de um modo que não podem ser desatrelados. Isso é feito através de uma rede descentralizada de servidores chamada nós mestre (*masternodes*).

O Dash tem planos de ser o primeiro dinheiro criptografado acionado por garantia com trocas totalmente codificadas e transações em blocks privados. Cartões de débito dash podem ser utilizados em qualquer caixa eletrônico pelo mundo ou em lojas. Eles também podem ser declarados em vários padrões monetários, como dólares, euros ou libras.

O Dash tem as seguintes características:

- **Privacidade:** Ele mantém privados todos os seus pagamentos, transações e saldos para que ninguém possa rastrear você.
- **Velocidade:** Ele usa tecnologia InstantX com uma rede de nós mestres para completar transações em uma fração de segundos.
- **Segurança:** Criptografia avançada e protocolos de confiança tornam o sistema seguro.
- **Alcance mundial:** O Darksend faz dele um sistema abrangente que lhe permite enviar dinheiro ao mundo todo de maneira rápida e anônima.
- **Taxas baixas:** Transações de transferência de dinheiro custam apenas alguns centavos.

O Dash também oferece duas carteiras — uma versão online e uma que você pode baixar para seu computador.

ConsenSys: Aplicativos Descentralizados

O ConsenSys (`www.consensys.net` — conteúdo em inglês) foi criado por um dos fundadores do Ethereum. Ele constrói aplicativos descentralizados, soluções em blockchain para empresas e várias ferramentas de desenvolvimento para ecossistemas do blockchain Ethereum.

O ConsenSys está trabalhando com a Microsoft para criar um sistema de identidade blockchain de código aberto. Essa parceria veio da necessidade determinada pelo ID2020 das Nações Unidas, cujo objetivo é refrear crimes contra a humanidade que provêm da falta de identificação. O plano é ter uma identidade legal para cada pessoa no ano de 2020.

O ConsenSys desenvolveu a solução identitária uPort, com suporte integrado para sistemas de segurança de reputação e transacionais. O sistema uPort permite que as pessoas gerenciem seus elementos identitários de uma forma móvel e permanente no blockchain do Ethereum.

Usuários em regiões menos desenvolvidas do mundo podem fazer suas identidades e reputações em bootstrap.

O RepSys contribui com a funcionalidade do sistema uPort. Ele possibilita que pessoas, organizações e "coisas" atestem a conduta de suas contrapartes em vários tipos de transações. Pense nisso mais ou menos como avaliações da Amazon para identidades. O uPort detém os atributos da reputação. Eles podem ser coisas oficiais como identidades emitidas pelo governo, como, também, páginas do Facebook. O ConsenSys também está construindo soluções KYC, a fim de que instituições financeiras possam oferecer serviços financeiros.

Índice

D

E

F

N

O

P

Q

R

S

T

U

V

W - X- Z

Este livro foi impresso nas oficinas gráficas da Editora Vozes Ltda.,
Rua Frei Luís, 100 – Petrópolis, RJ.